雅安·中国生态气候城市

主编　马振峰　郭海燕　范　雄

气象出版社
China Meteorological Press

内容简介

本书根据雅安1971—2000年30年翔实可靠的气候资料以及近年来的生态环境、大气成分等资料，从多个方面对雅安生态气候条件进行了综合分析，揭示出雅安生态旅游休闲气候具有以下优势：第一，气候、生态、人文造就了雅安的生态旅游景观；第二，雅雨、大熊猫、蒙顶山茶打造了雅安的生态气候名片；第三，舒适、凉爽、滋润的环境营造了雅安的生态休闲胜地。

2011年，受雅安市人民政府委托，中国气象学会邀请生态、环境、旅游、气象等领域的专家，对雅安生态气候条件进行论证后，授予"雅安·中国生态气候城市"称号。

图书在版编目(CIP)数据

雅安·中国生态气候城市/马振峰等主编．—北京：气象出版社，2016.4

ISBN 978-7-5029-6335-4

Ⅰ．①雅…　Ⅱ．①马…　Ⅲ．①生态气候-气候环境-概况-雅安市　Ⅳ．①X321.271.3

中国版本图书馆CIP数据核字(2016)第071590号

出版发行：气象出版社

地　　址：北京市海淀区中关村南大街46号　**邮政编码**：100081

总 编 室：010-68407112　**发 行 部**：010-68409198

网　　址：http://www.qxcbs.com　**E-mail**：qxcbs@cma.gov.cn

责任编辑：齐　翟　**终　　审**：邵俊年

责任校对：王丽梅　**责任技编**：赵相宁

封面设计：易普锐创意

印　　刷：中国电影出版社印刷厂

开　　本：889 mm×1194 mm　1/32　**印　　张**：2.5

字　　数：72千字

版　　次：2016年4月第1版　**印　　次**：2016年4月第1次印刷

定　　价：15.00元

《雅安·中国生态气候城市》
编委会

前　言

雅安地处成都平原，是通向青藏高原、云贵高原的过渡地带，是四川西部唯一的交通次枢纽，是汉、藏、羌、彝民族和谐交融的走廊，素有“川西咽喉”“西藏门户”“民族走廊”之称。全市辖两区六县，面积为 1.53 万平方千米，人口 153 万(截至 2013 年)。

雅安市位于四川盆地西部边缘，属于亚热带湿润季风气候区。雅安气候温和，雨量充沛，四季分明，细雨轻风；冬无严寒，夏无酷暑，春季回暖早。雨日多、夜雨多是雅安的显著气候特点，有“西蜀漏天”和“雨城”之称。境内地势高差悬殊，气候的区域性和复杂性特征突出，气象要素的垂直差异大，立体气候明显，呈现出气候多样性和生物多样性的显著特点。

独特的气候资源和特殊的地理环境，孕育了雅安独特的生物资源，境内分布的植物有 185 科 869 属 3000 多种，其中国家一级保护植物 10 种，国家二级保护植物 38 种。同时，雅安还是动物区系划分中的古北界与东洋界的交错地带，分布有野生脊椎动物 700 余种，其中野生鸟类 330 余种，国家一级保护动物 19 种。

雅安的气候环境为大熊猫生存、生活、繁殖提供了许多适宜的局地生态环境，是四川大熊猫的主要栖息地和世界自然遗产核心区。目前，在雅安生活着 340 多只野生大熊猫、60 多只圈养大熊猫，为世界之最。独特的气候条件，使雅安特别适合茶叶生长，“扬子江心水，蒙顶山上茶”，蒙顶茶因其品质优异、工艺精湛，被奉为贡茶，雅安人工栽培茶树已有 2000 多年历史，是世界上人工种茶最早的地区之一。

雅安是中国优秀的生态旅游城市，全市森林覆盖率达到 63.1%，植被覆盖率超过 82%，空气中负氧离子含量高，被誉为“天然氧吧”“天府之肺”。雅安是历史文化名城，是一座山水相间的城市，是一座碧茶飘香的城市，是一座因大熊猫而名扬四海的城市。一条茶马古道把历史和今天连成一线，把高原风光、地理奇观、民族风情有机地融合，成就了“中国十佳魅力城市”之一的雅安。

独特、多样的气候资源，造就了雅安独特、多样的生态环境和生态景观，加上雅安丰富的人文旅游资源，使雅安成为中国生态城市的样板与典范，成为名副其实的“熊猫首都·生态天堂”，成为中国低碳城市的先锋。

本书的出版得到了雅安市气象局、雅安市旅游局、雅安市林业局、雅安市环保局等单位的大力支持。本书图片由孟水明、李万平、高华康、魏发贵、马步文、张迅等提供，在此一并表示感谢！

本书编委会

2016 年 1 月

CONTENTS

目　录

第 1 章

概　　况

1.1　自然环境概况

1.1.1　地理位置

雅安市地处四川盆地西南部，青藏高原的东坡，北靠成都市、阿坝州，东邻乐山、眉山市，西连甘孜州，南接凉山州，地理位置东经 102°55′～103°23′，北纬 28°51′10″～30°56′40″之间；地形狭长，南北长约 220 千米，东西宽约 70 千米；处于川藏、川云西线两条国道交汇处，距成都 120 千米高速公路里程(见图 1.1)，是成都平原通往西藏、云南的历史重镇，素有“川西咽喉”“西藏门户”“民族走廊”之称，是一座历史文化名城。

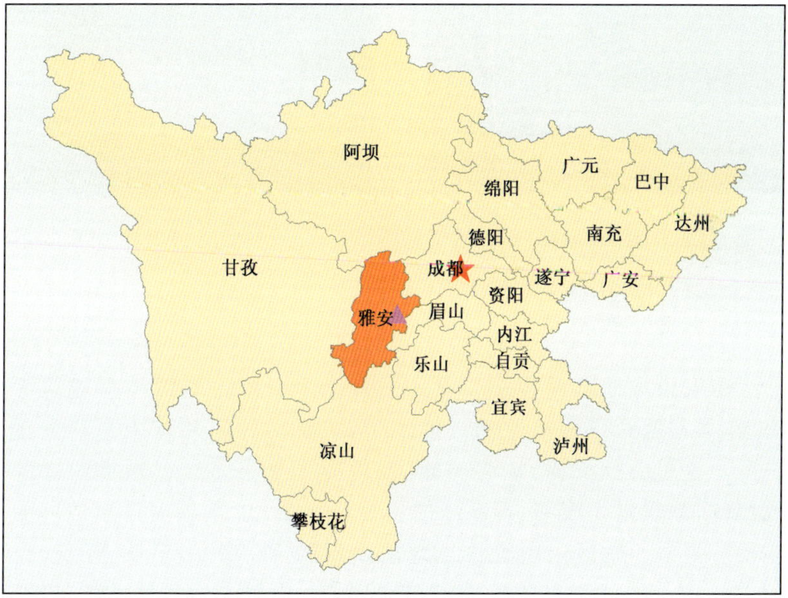

图 1.1　雅安地理位置示意图

雅安全景

宝兴神木垒金秋

东拉山云雾

1.1.2 地形地貌

雅安市土地总面积15411.3平方千米。市内属四川盆地西缘山地，为盆地到青藏高原的过渡地带，主要山脉属邛崃山系和大雪山系。这里山脉纵横，地表崎岖，地貌类型复杂多样。横贯中部的大相岭，不仅是大渡河、青衣江的主要分水岭，也是市内自然地理的主要分界线。辖区内山地占土地总面积的91.30%，平坝、丘陵、台地占8.70%。地貌基本特征：地势起伏大，山脉与地质构造线一致，层状地貌明显，单斜山（丘）具有规律性分布，山脉走向制约着自然地理环境。按海拔高度和切割深度划分成丘陵平坝及山地两种类型。

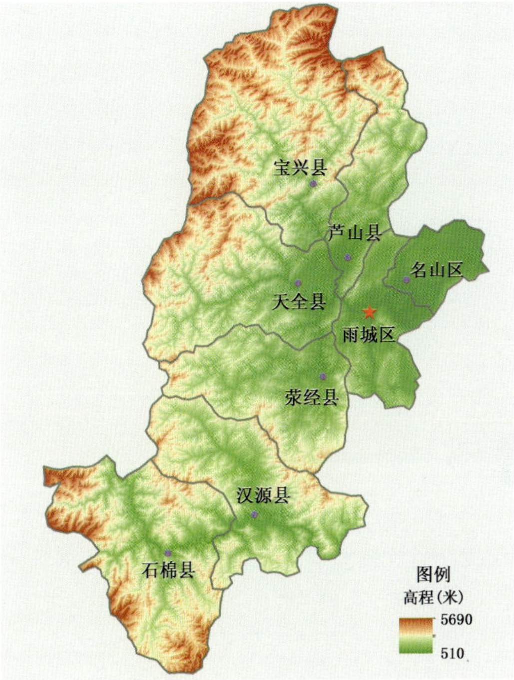

图 1.2　雅安高程示意图

雅安最低海拔为 515 米，相对高度小于 100 米的丘陵平坝，分布于海拔 1000 米以下东部宽敞的向斜带。低山(海拔 500～1000 米)占全市总面积的 16.28%，主要分布在东部的名山区、雨城区、芦山县一带。中山(海拔 1000～3500 米)分布最广，除名山区外，其余各区县都居主要地位，占全市总面积的 67.44%。高山(海拔 3500～5000 米)集中分布在雅安市北部、西北部及西部，天全县西部，石棉县西部及西南等地，峰峦重叠，谷地幽深，占总面积的 6.12%。极高山(海拔 5000 米以上)仅呈点状分布于北、西北及西南边缘。

1.1.3　气候概况

雅安市大部分区域属于中亚热带湿润季风气候区。总的气候特点是：冬无严寒，夏无酷暑，气温日较差小，四季分明，雨量充沛，

雅安汉源九襄地貌

雨热同步，无霜期长，热量充足；春季回暖早，秋季多绵雨，冬季霜雪少；全年风速小，夜雨多，雾霾少，无沙尘天气，气象灾害轻。属于具备最优良人居环境和生态旅游气候资源的区域之一。辖区内地质地貌复杂，地势高差悬殊，气象要素的垂直差异大，立体气候明显，部分山体从山脚到山脊可出现亚热带、暖温带、中温带、寒温带、亚寒带和寒带等气候带。这为当地生物具有丰富的多样性提供了气候保障，也为雅安市生态旅游提供了不可多得的气候资源。

雅安市年平均气温在14.1～16.2℃之间，年均日照时数为759.1～985.0小时，年均风速为0.7～3.6米/秒，年均相对湿度为77%～84%，年平均夜雨率（夜间降水量占全天降水量的百分率）为71%～77%，年平均降水量在912.1～1692.5毫米之间，其中，尤以地处青衣江河谷的雨城区，降水日数最多，被美誉为“雨城”。南部的汉源和石棉县受地形下沉气流影响形成比较独特的干暖气候，云量少，晴天多，日照时间较长，干湿季节分明，降水量较少，气温较高，年平均气温为16.9～17.6℃，年平均日照时数为1218.1～1417.5小时，年平均风速为0.7～2.2米/秒，年平均相对湿度约为69%，年平均夜雨率为76%～78%，年平均降水量为727.2～803.1毫米。

1.1.4　河流水系

雅安市河流众多，水系发达。全市流域面积在 30 平方千米以上的河流有 131 条，其中，流域面积大于 1000 平方千米的河流有 11

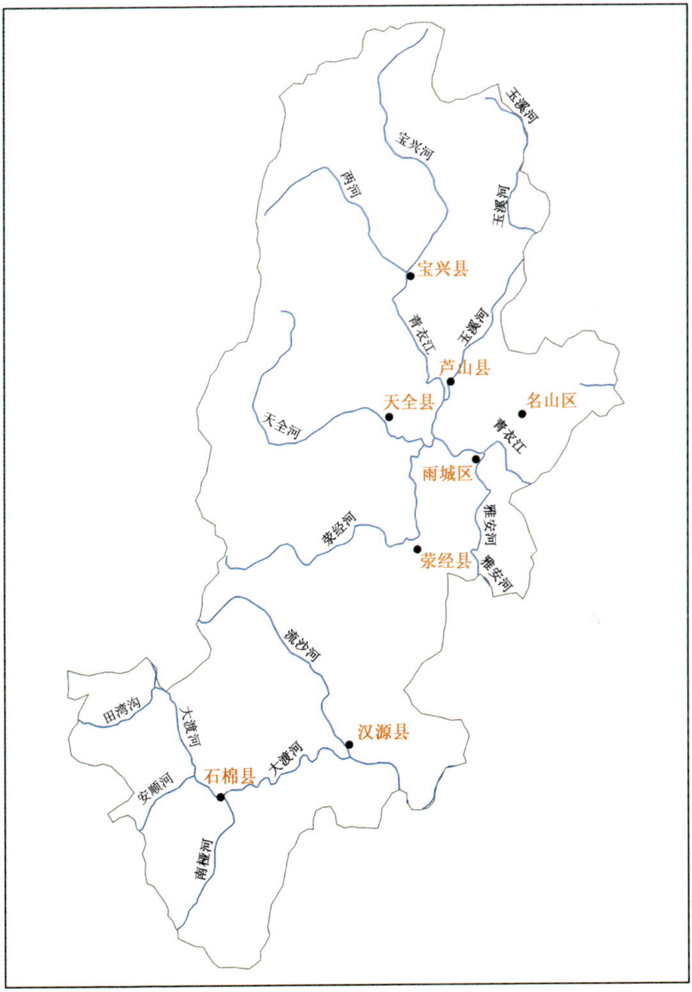

雅安水系图

条，500～1000平方千米的河流2条，100～500平方千米的河流40条。除名山的临溪河汇入岷江外，其余均属大渡河及青衣江支流。该市河流发源于崇山峻岭，总的趋势是西北高东南低，雨量丰沛，植被良好，河流为典型的山区性河流，具有落差大、径流丰富而稳定、水质优良的特点。

1.2 社会环境概况

芦山汉代石刻

雅安市具有悠久的历史和灿烂的文化，是汉文化地区与藏、羌民族文化地区的结合部，是四川省文物大市，历史文物遗存可上溯距今万年的旧石器时代晚期，下至明清乃至近、现代，拥有国家级重点文物保护单位7处，省级文物保护单位26处，藏品近3万余件(套)，其中秦汉以前遗存140余处。有体现西南地区最早人类活动遗迹的大渡河流域汉源“富林文化”；有代表雅安地区“蜀文化”的汉源麦坪新石器时代居住遗址；有反映远古人类宜居地理环境的青衣江流域雅安沙溪村商代居住遗址，其出土的陶器无论在陶质、陶色、纹饰及制法方面，还是在器型上，都与广汉三星堆、成都十二桥、新繁水观音、成都指挥街等遗址中的陶器有许多相似或相同之处。雅安高颐墓阙及石刻更是我国汉代建筑的完整实证，也是研究汉代官职、艺术、宗教、社会生活重要的实物史料。其中，芦山汉代石刻是我国汉代石刻最为集中之地，2000年芦山南街发现的汉代城门遗址被俞伟超先生誉为“中国第一城门”；荥经“何君阁道碑”的发现，更是证明了“南方丝绸之路”途经雅安这一史实。雅安地面文物存世之多，在全国具有举足轻重的地位，域内国家级文物保护单位中有三处为汉代遗存，遗存的大型圆雕石兽共有十二具之多，而全国目前也仅存十九具，占全国大半。这些汉代文化遗存在国内外享有很高的声誉。蒙顶山古建筑群是明清建筑的结晶。宝兴邓池沟天主教堂既是早期中外文化交流的物证，又是第一只大熊猫发现之地和自然遗产保护区。大量的春秋、战国、秦汉时期的地下出土文物，是研究巴蜀文化排列有序的典型教科书。红军强渡大渡河、翻越夹金山遗址等红色文化遗产，更是雅安宝贵的文化资源。这些珍贵的文化遗产资源镶嵌在雅安的山水之间，不仅见证了悠久灿烂的历史，还是一道靓丽的风景线。

蒙顶山古建筑群

采茶雅女

1.3 环境质量概况

汉源湖

雅安市城市空气质量长期优于大气环境质量Ⅱ级标准，主要河流出境断面水质长期优于Ⅲ类水质标准。在不断增强可持续发展能力的同时，生态也得到环境明显改善，成功创建国家级生态示范区。2006年顺利通过国家环保总局验收命名，成为四川省第一个也是唯一一个获得生态示范区命名的地级市。

“十一五”期间，雅安市环境空气质量总体较好，均达到《环境空气质量标准》GB 3095—1996 中Ⅱ级标准。二氧化硫(SO_2)年平均值范围为 0.003～0.031 毫克/米^3，达到 GB 3095—1996 中Ⅱ级标准；二氧化氮(NO_2)年平均值范围为 0.017～0.028 毫克/米^3，达到 GB 3095—1996 中Ⅰ级标准；可吸入颗粒物(PM_{10})年平均值范围为 0.048～0.084 毫克/米^3，满足 GB 3095—1996 中Ⅱ级标准。

近五年，雅安市饮用水源地和主要地表水整体水质好，能满足规定的水环境功能要求。城市集中式饮用水源地水质状况达到规定的《地表水环境质量标准》(GB 3838—2002)中Ⅲ类标准，水质良好，满足集中式生活饮用水源地特定项目标准值；重点流域地表水环境质量达到《地表水环境质量标准》(GB 3838—2002)中Ⅲ类标准，水质良好。

第 2 章

雅安市生态状况

雅安市地理位置独特，生态区位优势突出；森林资源数量多，天然林质量高，森林覆盖率居四川省第一；动植物种类繁多，生物多样性特征非常突出，具有完备、高效的森林生态系统，是名副其实的“生态城市”。

天全喇叭河风光

2.1　生物环境得天独厚

雅安市地处动物区系划分中的古北界与东洋界交错地带，境内分布有大熊猫、金丝猴、扭角羚、小熊猫、白唇鹿、黑颈鹤等国家保护的陆生野生兽类 700 余种，野生鸟类 330 余种。有国家一级重点保护陆生野生动物 19 种(兽类 9 种，鸟类 10 种)。其中，陆生野生兽类有大熊猫、金丝猴等；野生鸟类有黑鹳、白尾海雕等。国家二级重点保护动物 73 种(兽类 20 种，鸟类 51 种，两栖爬行类 2 种)，陆生野生兽类有藏酋猴、小熊猫等。

1990 年四川省政府公布的四川省重点保护野生动物中，雅安市分布的有：赤狐、小鸊鷉、横斑锦蛇、鲈鲤等 19 种。雅安市是大熊猫重要分布区，拥有 547684 公顷大熊猫栖息地，全市划建并由林业部门管理的 6 个自然保护区，总面积 18.15 万公顷。其中，大熊猫保护区总面积 17.87 万公顷，其中大熊猫栖息地 12.72 万公顷，占全市大熊猫栖息地的26.38%。

大熊猫的栖息地

喇叭河小熊猫

雅安市也是四川省珍稀鱼类资源较为丰富的地域之一。辖区内分布有89种野生鱼类，隶属于7目15科。其中，国家二级重点保护水生野生动物有3种，省重点保护水生野生动物10种。宝兴裸裂尻和天全鮡仅分布于该市宝兴河和天全河局部河段，为珍稀特有品种。特别是主产野生雅鱼，早已声名远扬。

天全喇叭河秋景

雅安市植被分布丰富，辖区内分布的植物约185科869属3000多种，其中木本植物(不含木质藤本)97科890种。分布的国家一级保护植物有珙桐、南方红豆杉等10种；国家二级保护植物有连香树、麦吊云杉等38种。植被类型主要包括常绿阔叶林、落叶混交林、针阔混交林、针叶林、高山灌丛、高山灌丛草甸和流石滩植被。同时，雅安市独特的兰花品种也颇具魅力。

△ 夹金山杜鹃花

△ 五月鸽子花(珙桐)

荥经县大相岭自然保护区分布着野生珙桐近 5333 公顷(8 万亩*),平均密度为 602.25 株/公顷(40.15 株/亩)。“珙桐面积之大,株数之多,密度之高属十分罕见”;东拉山大峡谷分布有“迄今为止世界上面积最大的桂花家族野生群落,粗略估计,面积超过万亩”。

2.2　森林资源包罗万象

2.2.1　森林资源数量大,森林覆盖率高

雅安市森林资源特别丰富,全市面积 154.19 万公顷(2312.85 万亩),林地面积 126.25 万公顷(1893.7 万亩),占总面积 78%。林地中有林地面积 94.57 万公顷(1418.6 万亩),疏林地 1.6 万公顷(24.1 万亩),灌木林地 24.4 万公顷(366.1 万亩)。人均森林面积 0.6 公顷(9.3 亩),森林覆盖率 61.34%。在四川省森林资源排行榜中,雅安市林地面积全省第四,人均森林面积全省第三,森林覆盖率全省第一。

森林覆盖率是反映一个国家或地区森林面积占有情况或森林

* 注:1 亩=0.0667 公顷

资源丰富程度及现实绿化程度的关键指标。雅安市森林覆盖率比四川省森林覆盖率高26.93%(四川省森林覆盖率34.41%),比长江上游高出36.67%(长江上游森林覆盖率24.67%);比长江流域高出30.81%(长江流域森林覆盖率30.53%);比全国森林覆盖率高出43.13%(全国森林覆盖率为18.21%)。

2.2.2 天然林比重大

天然林是经过自然选择和长期自然演替,达到或将达到顶极时期生物群落,是一种最佳平衡,对周围环境完全适应的生态性森林。森林资源中天然林比重越大,森林生态效益发挥越好,森林质量越高。雅安市126.25万公顷(1893.7万亩)林地中天然林98.64万公顷(1479.6万亩),占林地面积78.1%,人工林面积27.6万公顷(414.1万亩),占林地面积21.9%。天然林占森林资源的比例很大。

2.3 生态景观丰富多彩

雅安市独特的自然环境造成了多样的生态景观,包括地质景观、地貌景观、水体景观、水墨景观和人文景观等。

地质景观:雅安市影响较大并正在开发利用的地质遗迹主要有两处,一是汉源县"四川大渡河峡谷国家地质公园",二是芦山县宝盛乡的"龙门溶洞"。大渡河峡谷国家地质公园位于雅安市汉源县、乐山市金口河区、凉山州甘洛县交汇处,面积超过90平方千米,对开展地学科研、科普和旅游具有重大价值;2005年入选由《中国国家地理》杂志评选的"中国最美的十大峡谷"。"龙门溶洞"地处雅安市芦山县东北部,大部分位于芦山县龙门乡苗溪茶场内,北临宝盛乡,东南接芦邛公路,是典型的喀斯特山地洞穴,是我国乃至亚洲发现的白垩纪砾岩地质中唯一开发旅游的洞穴,也是经中、英、美等国际洞穴专家考察,为我国乃至亚洲最大的洞穴群。分布面积约80平方千米,洞穴长约100千米,堪称"亚洲第一、世界罕见"。它是世界上同类岩层中独有的地质遗产，是异常宏大的洞穴博物馆。洞穴群中拥有分布密集的地表漏斗和峰岭，其中“围塔漏斗”是世界上最大的地表漏斗，在卫星照片上清晰可见。洞穴纵横交织，别有洞天。洞内悬河飞瀑、暗河、地坑、沙滩、钟乳石、奇石、“山水画”、白虾、疾风口等景观随处可见，可谓集世界洞穴之大成。

地貌景观：现有宝兴蜂桶寨、贡嘎山南坡（石棉县管理处）、石棉栗子坪3个国家级自然保护区；有喇叭河、天全河、大相岭3个省级自然保护区；有夹金山、龙苍沟和二郎山3个国家森林公园和周公

碧峰峡瀑布

山 1 个省级森林公园；有碧峰峡（国家 4A 级旅游区）、蒙顶山（国家 4A 级旅游区、世界茶文化发祥地）、喇叭河（国家 2A 级旅游区）、夹金山、田湾河、二郎山、灵鹫山大雪峰 7 个省级风景名胜区；有天河和双龙峡 2 个市级风景名胜区；还有周公山温泉、中国最大的保护大熊猫研究中心雅安碧峰峡基地等。

水体景观：雅安市地处我国第二大森林资源分布区的长江上游，降雨丰沛，河流众多，水系发达，是我国长江上游的重要水源涵养区。雅安市水域面积 2.868 万公顷，辖区内大渡河和青衣江两大水系纵横交错，雅安市山脉纵横，地形切割强烈，地表崎岖，地貌复杂多样，气候湿润。流域面积超过 100 平方千米的河流 184 条，河流发源于崇山峻岭，总的趋势是西北高东西低，当地雨量丰沛，植被良好，为典型的山区性河流，具有落差大、径流丰富而稳定、水质优良的特点。

青衣江日出

水墨雨景：雅安市地处青藏高原东麓陡峭坡地边缘，北部有名山—雨城—天全的青衣江河谷，地形兼有“迎风坡”、“喇叭口”的特点。由于特定地理、地形条件所致，雅安市中部地区的降水特多，无论是年雨量，还是降雨日数，都是全球同纬度陆地最多地区之一，素有“天漏”和“雨城”之称，杜甫曾诗曰：“地近漏天终岁雨”。雅安虽然雨量大、雨日多，但全市年均夜雨率（夜间降水量占全天降水量的百分率）却高达72%～78%，完美地体现了“随风潜入夜，润物细无声”这一现象。

荥经珙桐

单株珙桐

植物景观：根据华中农业大学考察，雅安市荥经县大相岭自然保护区分布着野生珙桐约5300公顷，平均密度为602.25株/公顷。“珙桐面积之大，株数之多，密度之高属十分罕见”。世界其他地区几乎绝种的珙桐树在荥经县有如此广泛的分布、众多的数量，令人叹为观止。

宝兴野生桂花林

2006年4月20日，以国际桂花品种认证权威南京林业大学教授向其柏为首的专家组正式在成都宣布，雅安宝兴发现了迄今为止世界上面积最大的野生桂花群落。东拉山大峡谷的万亩野生桂花林，地处宝兴县陇东镇，景区集典型的峡谷地貌和雪山草原等自然生态景观于一体，为川西峡谷地貌自然生态景观的代表性景区，是一处极为罕见的高品位自然生态风景区。

茶马古道

人文景观：雅安特殊的地理位置，还孕育了雅安丰富的文化景观。雅安市地处川藏、川滇要道，是古南丝绸之路西线“牦牛道”的重要地段，也是茶马古道通衢；古属青衣羌国，当地的人类遗存非常丰富，文物景点绚丽多彩，个性鲜明，各具特色。全市现有文物保护单位 108 处，保护点 1300 多处，馆藏文物 30000 余件，珍贵文物 3000 余件(套)，尤以汉代文物为其中瑰宝。其中，最有影响的是汉代碑阙和石刻文物，全国为数不多的汉代石兽中雅安就有 12 具，超过总数的一半；雅安高颐阙、芦山樊敏阙及石刻堪称汉代墓刻遗存的精华，是国之瑰宝。现有雨城区(原雅安县)、芦山县、荥经县 3 个省级历史文化名城，有安顺场、上里 2 个省级历史文化名镇，还有列为国家级、省级、县级重点文物保护单位的高颐阙、樊敏碑阙、王晖石棺等共计 107 处。

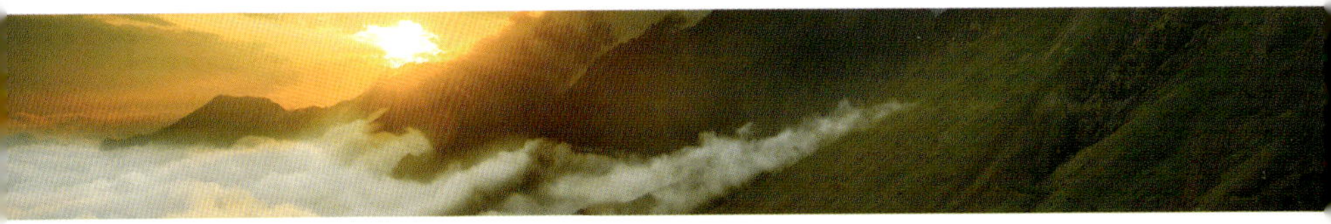

第 3 章

雅安市气候状况

雅安市属于亚热带季风气候，地形东低西高，地形上高低相差悬殊，垂直气候变化大，山地气候特征显著。基本气候特点是冬无严寒、夏无酷热、四季分明、雨量充沛、雨热同步、风速适宜；气象灾害总体偏轻。区域气候特色明显，雅安以大相岭为界分为南北两个区域：南部区域包括位于大渡河中游的汉源、石棉两县，这里冬春暖干、夏秋湿润；青衣江上游为北部区域，包括宝兴、芦山、天全、名山、荥经、雨城 6 个县（区），这里夏秋多雨、四季滋润。

3.1　气温——舒适

平均气温：雅安市 1971—2000 年(30 年)年平均气温在 14.2～17.7℃，其中北部县、区的年平均气温为 14.2～16.2℃，南部县的年平均气温为 17.0～17.7℃；春夏秋冬四季平均气温分别为：14.2～18.3℃，21.8～24.7℃，14.8～18.0℃和 5.7～9.5℃。最冷月在 1 月，平均气温 4.8～8.5℃；最热月在 7 月，平均气温 22.5～25.3℃。月、季、年平均气温最低在宝兴县，最高在汉源县(见表 3.1、3.2)。

表 3.1　雅安市 1971—2000 年平均气温(℃)

站名	1月	2月	3月	4月	5月	6月	7月	8月	9月	10月	11月	12月
宝兴县	4.8	6.1	9.8	14.7	18.2	20.6	22.5	22.4	18.7	14.8	10.7	6.3
天全县	5.2	6.7	10.5	15.5	19.5	22.0	23.8	23.6	20.0	16.0	11.6	6.9
芦山县	5.5	7.0	10.9	15.8	19.8	22.3	24.1	23.8	20.1	16.4	11.7	7.1
名山区	5.4	6.9	10.8	16.0	20.0	22.6	24.3	24.1	20.3	16.1	11.7	7.0
雨城区	6.3	7.7	11.7	16.9	20.8	23.3	25.1	24.9	21.0	16.8	12.4	7.9
荥经县	5.5	6.9	10.6	15.6	19.5	22.1	23.8	23.5	20.1	16.1	11.8	7.1
汉源县	8.5	10.2	14.2	18.8	21.9	23.5	25.3	25.4	21.7	18.1	14.2	9.9
石棉县	8.0	9.9	14.0	18.3	21.1	22.6	24.4	24.2	20.8	17.3	13.3	9.1

表 3.2　雅安市 1971—2000 年各季平均气温(℃)

站名	春季	夏季	秋季	冬季	年值
宝兴县	14.2	21.8	14.8	5.7	14.2
天全县	15.2	23.2	15.9	6.3	15.1
芦山县	15.6	23.5	16.2	6.6	15.5
名山区	15.6	23.7	16.0	6.5	15.4
雨城区	16.4	24.4	16.7	7.3	16.2
荥经县	15.2	23.1	16.0	6.5	15.2
汉源县	18.3	24.7	18.0	9.5	17.7
石棉县	17.8	23.8	17.2	9.0	17.0

平均最高气温：雅安市1971—2000年(30年)年平均最高气温在18.4～22.7℃，其中北部县、区的年平均最高气温为18.4～20.1℃，南部县的年平均最高气温为21.8～22.7℃；春夏秋冬四季平均最高气温分别为：19.1～24.3℃，26.9～30.2℃，18.6～22.3℃和9.0～14.0℃。月平均最高气温最低值出现在1月，为8.0～13.0℃；月平均最高气温最高值出现在8月，为27.6～31.2℃。北部月、季、年平均最高气温最低在宝兴县，最高在雨城区；南部汉源县最高(见表3.3、3.4)。

表3.3 雅安市1971—2000年平均最高气温(℃)

站名	1月	2月	3月	4月	5月	6月	7月	8月	9月	10月	11月	12月
宝兴县	8.0	9.3	14.1	19.8	23.4	25.5	27.5	27.6	23.0	18.6	14.2	9.7
天全县	8.5	9.8	14.6	20.5	24.4	26.5	28.5	28.5	24.2	19.5	14.7	10.0
芦山县	9.1	10.5	15.4	21.2	25.1	27.2	29.3	29.3	24.8	20.2	15.5	10.6
名山区	8.7	9.9	14.7	20.6	24.7	26.8	28.6	28.7	24.1	19.4	14.9	10.1
雨城区	9.4	10.8	15.7	21.5	25.5	27.7	29.6	29.5	24.8	20.1	15.5	10.8
荥经县	8.9	10.2	15.1	20.9	24.8	26.8	28.7	28.8	24.4	19.8	15.2	10.4
汉源县	13.0	14.7	20.1	25.2	27.7	28.6	30.8	31.2	26.3	22.2	18.5	14.3
石棉县	12.2	14.0	19.4	24.3	26.8	27.7	30.0	30.0	25.3	21.2	17.4	13.4

表3.4 雅安市1971—2000年各季平均最高气温(℃)

站名	春季	夏季	秋季	冬季	年值
宝兴县	19.1	26.9	18.6	9.0	18.4
天全县	19.8	27.9	19.5	9.4	19.2
芦山县	20.6	28.6	20.1	10.1	19.9
名山区	20.0	28.1	19.5	9.6	19.3
雨城区	20.9	28.9	20.2	10.3	20.1
荥经县	20.3	28.1	19.8	9.8	19.5
汉源县	24.3	30.2	22.3	14.0	22.7
石棉县	23.5	29.2	21.3	13.2	21.8

平均最低气温：雅安市1971—2000年(30年)年平均最低气温在11.1～14.2℃，其中北部县、区的年平均最低气温为11.1～13.5℃，南部县的年平均气温为13.4～14.2℃；春夏秋冬四季平均最低气温分别为：10.8～14.2℃，18.3～21.4℃，12.2～15.2℃和3.2～6.1℃。月平均最低气温最低值出现在1月，为2.2～5.2℃；月平均最低气温最高值出现在7月，为18.9～22.0℃。北部月、季、年平均最高气温最低在宝兴县，最高在雨城区；南部汉源县最高(见表3.5、3.6)。

表3.5　雅安市1971—2000年平均最低气温(℃)

站名	1月	2月	3月	4月	5月	6月	7月	8月	9月	10月	11月	12月
宝兴县	2.2	3.5	6.8	11.1	14.6	17.1	18.9	18.8	16.0	12.4	8.2	3.7
天全县	2.8	4.2	7.4	11.8	15.8	18.7	20.4	20.1	17.4	13.7	9.3	4.6
芦山县	2.9	4.3	7.6	12.1	16.1	19.1	20.9	20.5	17.7	14.0	9.5	4.7
名山区	3.1	4.5	7.9	12.5	16.6	19.4	21.0	20.8	17.8	13.9	9.5	4.8
雨城区	4.1	5.3	8.9	13.5	17.5	20.3	22.0	21.9	18.5	14.6	10.3	5.7
荥经县	2.9	4.1	7.2	11.5	15.6	18.7	20.4	20.0	17.3	13.8	9.4	4.8
汉源县	5.2	6.5	10.1	14.4	18.1	20.1	21.7	21.6	18.8	15.5	11.4	6.7
石棉县	4.6	6.1	9.7	13.7	17.0	19.2	20.7	20.6	18.0	14.7	10.6	6.0

表3.6　雅安市1971—2000年和2001—2010年各季平均最低气温(℃)

站名	时段	春季	夏季	秋季	冬季	年值
宝兴县	1971—2000年	10.8	18.3	12.2	3.2	11.1
	2001—2010年	11.6	19.0	13.1	3.8	11.9
天全县	1971—2000年	11.7	19.7	13.4	3.9	12.2
	2001—2010年	12.1	20.0	14.1	4.3	12.6
芦山县	1971—2000年	11.9	20.1	13.7	4.0	12.4
	2001—2010年	12.7	20.8	14.8	4.9	13.3
名山区	1971—2000年	12.3	20.4	13.7	4.2	12.6
	2001—2010年	12.9	20.8	14.4	4.7	13.2

续表

站名	时段	春季	夏季	秋季	冬季	年值
雨城区	1971—2000 年	13.3	21.4	14.5	5.1	13.5
	2001—2010 年	13.9	21.7	15.2	5.7	14.1
荥经县	1971—2000 年	11.4	19.7	13.5	3.9	12.1
	2001—2010 年	12.0	20.0	14.2	4.4	12.7
汉源县	1971—2000 年	14.2	21.1	15.2	6.1	14.2
	2001—2010 年	14.6	21.2	15.5	6.5	14.5
石棉县	1971—2000 年	13.5	20.2	14.4	5.6	13.4
	2001—2010 年	13.9	20.4	15.1	6.3	13.9

气温是对人体影响最敏感的气象要素之一，对人体体温的调节起着主要作用。雅安市常年平均气温为 15.8℃，气候温和；气温分布特点是南部高、北部低；近 10 年平均气温有所升高，气温变化平和。据《中华人民共和国气候图集》，在青藏高原东坡以东沿 30°N 附近的中国大陆地区中，雅安市冬季(1 月)，平均气温和平均最低气温都是最大值区，也是最暖地区之一；夏季(7 月)，平均气温和平均最高气温都是最小值区，是最凉地区之一。“冬无严寒、夏无酷暑、气温平和”这是非常优异的温度气候资源。舒适——雅安气温最显著的特点。

3.2 降水——充沛

由表 3.7 可见，雅安市平均年降水量为 1201.4 毫米，受地形的影响分布差异较大，北部六县(区)年平均降水量 900～1700 毫米，南部两县受位于中部大相岭对暖湿气流阻挡的影响，降水量显著少于北部，年平均降水量为 700～800 毫米。雨城区多年平均雨量达 1693.4 毫米为全市最多，号称“雨城”，有“天漏”之说。

表 3.7 雅安市多年平均降水量(毫米)

站名	宝兴县	天全县	芦山县	名山区	雨城区	荥经县	汉源县	石棉县	平均
1971—2000 年	912.6	1602.7	1263.5	1453.9	1692.8	1153.2	727.1	803.8	1201.4

夏季(6—8 月)降水量为 693.9 毫米(见图 3.1),占全年降水量的 57.8%,其中,7、8 月份降水量 549.4 毫米最为集中;全市夏季降水分布在 423.7～984 毫米之间,雨城区最多为 984 毫米。冬季(12—1 月)降水量为 40.1 毫米,占全年降水量的 3.3%,全市冬季降水分布为 7.3～92.2 毫米,汉源县最少为 7.3 毫米。春季(3—5 月)和秋季(9—11 月)降水量大致相当,分别为 214.6 毫米(17.9%)、252.8 毫米(21.0%)。

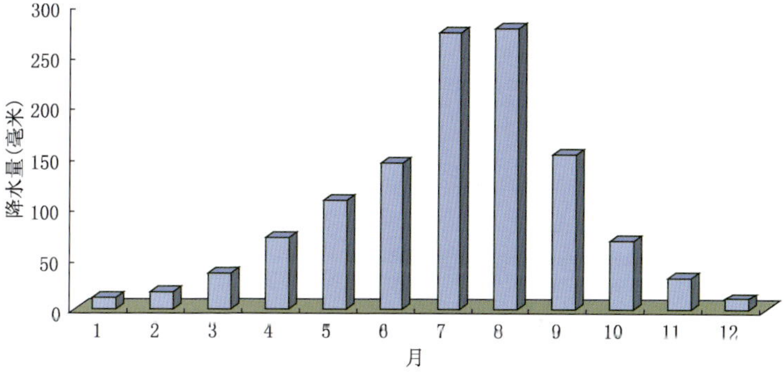

图 3.1 雅安市 1971—2000 年月降水量(毫米)

雅安市常年(1971—2000 年)平均年降水日数为 186.4 天,其中南部汉源县 140.8 天,石棉县最少(140.7 天);北部六县区 170～230 天,天全县最多(231.8 天),见表 3.8。

表 3.8 雅安市多年平均降水日数(天)

站名	宝兴县	芦山县	天全县	雨城区	名山区	荥经县	汉源县	石棉县	平均
1971—2000 年	171.8	199.8	231.8	213.3	206.0	188.4	140.8	140.7	186.4

全市冬季雨日数少(图 3.2),平均雨日数为 27.1 天,石棉县冬季雨日全市最少(7.6 天);夏季雨日数最多,平均雨日数为 59.6 天,

宝兴县夏季雨日全市最多(63.6 天);秋季、春秋雨日数分别 50.6、49.4 天。

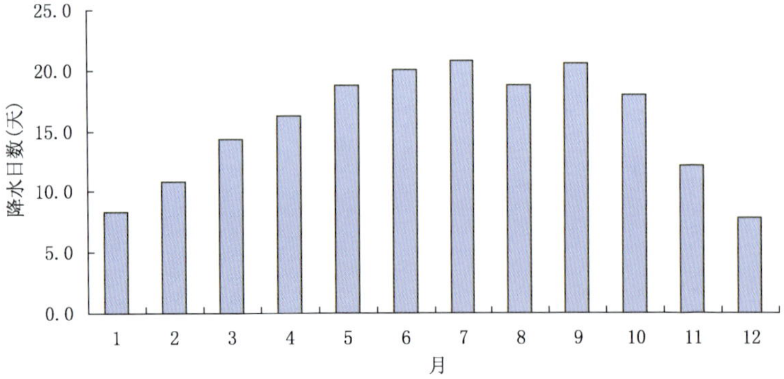

图 3.2 雅安市 1970—2000 年月降水日数(天)

雅安市降水量总体丰富,雨热同季;季节分布特点是夏季降水集中,冬季降水稀少,春、秋两季适中。雨日数多,年降水日数最多在天全;冬季降水日数少,夏、秋季降水日数多。

雅安市中部具有全球中纬度大陆内最丰沛的降水,在这一区域年平均降水量与年平均蒸发量比值高达 1.3～2.0,这是天赋雅安独特的生态旅游资源。充沛的降水,滋润了雅安丰富的动植物资源。

3.3 日照——养颜

雅安市年日照时数平均为 1001.5 小时,年日照百分率 22%,是全国日照时数较少的地区之一。全市年日照时数分布与年降水量分布刚好相反,南部明显多于北部。

雅安市北部年和春夏秋冬四季平均日照时数(小时)分别为:759.1～985.0,201.5～285.5,257.1～381.0,145.5～168.0 和 137.9～154.5;北部年和春夏秋的日照时数最大值在雨城区,最小值在宝兴,但在冬季宝兴县的日照最多,芦山县最低。雅安市南部年和春夏秋冬四季平均日照时数（小时）分别为：1218.1～1417.5，370.7～425.7，361.9～415.7，207.2～256.1 和 278.5～320.9，汉源高于石棉。月平均日照时数最少的在 2 月，北部为 39.5～44.3，南部为 92.6～103.7，最多的在 8 月，北部为 95.9～149.5，南部为 142.9～163.7（见表 3.9、3.10）。

表 3.9　雅安市 1971—2000 年各月平均日照时数（小时）

站名	1 月	2 月	3 月	4 月	5 月	6 月	7 月	8 月	9 月	10 月	11 月	12 月
宝兴县	54.3	40.1	54.8	71.6	75.0	68.9	92.3	95.9	49.5	45.2	50.8	60.7
天全县	47.8	39.5	62.8	94.8	96.3	90.1	123.0	135.5	60.7	49.5	48.0	51.8
芦山县	47.5	41.0	64.3	98.8	102.9	94.7	125.0	136.4	61.9	52.3	51.9	51.4
名山区	48.7	42.1	67.6	102.6	108.8	97.8	120.8	138.4	62.6	46.7	49.6	51.3
雨城区	52.3	44.3	71.7	105.6	108.2	99.9	131.6	149.5	67.1	50.0	50.8	54.0
荥经县	45.9	39.0	65.1	94.2	96.2	84.9	121.3	137.2	60.9	48.0	47.0	47.3
汉源县	109.9	103.7	145.1	152.3	128.4	102.2	149.9	163.7	85.8	75.8	94.4	106.4
石棉县	96.0	92.6	129.1	132.7	108.9	86.7	132.3	142.9	70.5	60.9	75.8	89.7

表 3.10　雅安市 1971—2000 年各季平均日照时数（小时）

站名	春季	夏季	秋季	冬季	年值
宝兴县	201.5	257.1	145.5	154.5	759.1
天全县	253.9	348.6	158.2	137.9	899.9
芦山县	266.0	356.1	166.1	139.1	928.0
名山区	279.1	356.9	158.9	140.7	936.9
雨城区	285.5	381.0	168.0	149.4	985.0
荥经县	255.5	343.4	155.9	131.2	886.9
汉源县	425.7	415.7	256.1	320.9	1417.5
石棉县	370.7	361.9	207.2	278.5	1218.1

雅安市北部的 4 月（春季）、7 月（夏季）和 10 月（秋季）平均日照时数都是全国最少地区之一，羞羞答答的阳光，特别适合养颜。

3.4 相对湿度——滋润

雅安市年空气相对湿度平均为78%，南部两县为69%，北部六县（区）为77%～84%，南部偏干燥、北部偏湿润。

雅安市北部年和春夏秋冬四季平均相对湿度分别为：77%～84%，74%～82%，81%～85%，81%～86%和74%～82%；雅安市南部年和春夏秋冬四季平均相对湿度分别为：68%～69%，62%～63%，78%，75%～76%和59%～61%，具体见表3.11、3.12。

表3.11 雅安市1971—2000年各月平均相对湿度（%）

站名	1月	2月	3月	4月	5月	6月	7月	8月	9月	10月	11月	12月
宝兴县	72	71	73	74	76	79	82	81	84	82	77	73
天全县	85	82	83	81	78	81	84	84	86	86	86	85
芦山县	84	81	83	81	81	83	86	86	87	86	85	85
名山区	83	81	81	79	77	80	84	84	86	86	85	85
雨城区	80	78	77	75	73	76	80	79	83	84	82	81
荥经县	80	78	80	79	78	81	85	85	85	84	82	81
汉源县	61	58	60	61	67	76	79	78	78	77	70	66
石棉县	57	54	57	60	68	77	78	78	79	77	71	64

表3.12 雅安市1971—2000年各季平均相对湿度（%）

站名	春季	夏季	秋季	冬季	年值
宝兴县	74	81	81	72	77
天全县	81	83	86	84	83
芦山县	82	85	86	83	84
名山区	79	83	86	83	83
雨城区	75	78	83	80	79
荥经县	79	83	84	80	82
汉源县	63	78	75	61	69
石棉县	62	78	76	59	68

雅安市年、季、月平均相对湿度，在全国都不是最大区，是属于非常适宜的地区。结合温、湿状况分析，雅安市北部县（区）的年平均气温和年平均相对湿度分别为14.1～16.2℃和77％～84％，南部县的年平均气温和年平均相对湿度分别为16.9～17.6℃和69％左右。由于温度适中，所以在雅安夏季很少出现"桑拿"天气，在冬季也不会出现"冷窟"天气。相反，温和、湿润的气候对人体和动植物十分有益。雅安市的温度和空气相对湿度，在全球范围内也是最宜人的地区之一，是世界上最"滋润"的一座城市。

3.5 风速——和缓

雅安市年平均风速为1.5米/秒，宝兴县最大为3.6米/秒，汉源县最小0.7米/秒。近10年平均风速为1.2米/秒，比常年均值小0.3米/秒，其中宝兴县偏小最多，减小1.1米/秒，汉源县却略偏大，详见表3.13。

表3.13 雅安市多年平均风速(米/秒)

站名	宝兴县	天全县	芦山县	名山区	雨城区	荥经县	汉源县	石棉县	平均
1971—2000年	3.6	0.7	0.8	1.0	1.5	1.4	0.7	2.2	1.5

春季风速较大，平均为1.8米/秒，宝兴县3、4月平均风速达到4.2米/秒；秋季风速较小，平均风速为1.2米/秒，汉源县9月、10、11月平均风速均为0.5米/秒；夏季、冬季的平均风速接近，平均值为1.4米/秒。春季风大，空气湿度偏小；秋季风速相对小，空气湿度偏大，详见图3.3。

雅安市中部县（区）的年平均风速及各季度平均风速是最适合人们旅游的数值，在0.5～1.8米/秒的风速中，人们会感到微风和煦、心情舒畅。

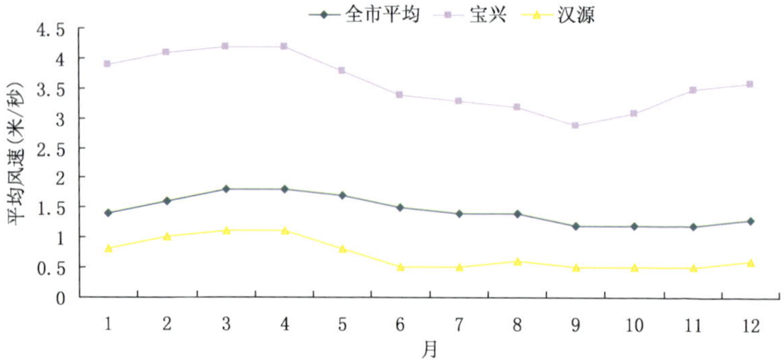

图 3.3 雅安市 1971—2000 年月平均风速(米/秒)

3.6 山地气候——造就多样气候带

雅安市属中亚热带湿润季风气候区,地势高差很大,最高与最低海拔相差 5000 多米,导致气象要素垂直差异大,立体气候特征十分明显,部分山体从山脚到山脊可出现亚热带、暖温带、温带、寒温带和亚寒带等气候带。

3.6.1 立体气温分布

汉源、石棉两县一些河谷地带海拔高度在 1000 米以下,年平均气温为 16.3~17.8℃;名山区、雨城区、芦山县南部,天全县东部和荥经县东北部海拔高度 500~1000 米的地区,气温为 14.8~16.3℃;雅安市北部海拔 1000~2000 米的地区,南部的汉源县和石棉县 1000~3000 米的地区,年平均气温为 13.4~14.8℃;雅安北部海拔高度 2000~3000 米以下地区,主要分布在宝兴县东南部,芦山县北部,天全县北部和西部,雅安南部的石棉县西部及西南部海拔高度 3000 米以上,年平均气温为 6.5~13.3℃;宝兴县境北、西北及西部,天全县西部边缘海拔高度在 3500 米以上,年平均气温为 -6~0℃(见图 3.4)。

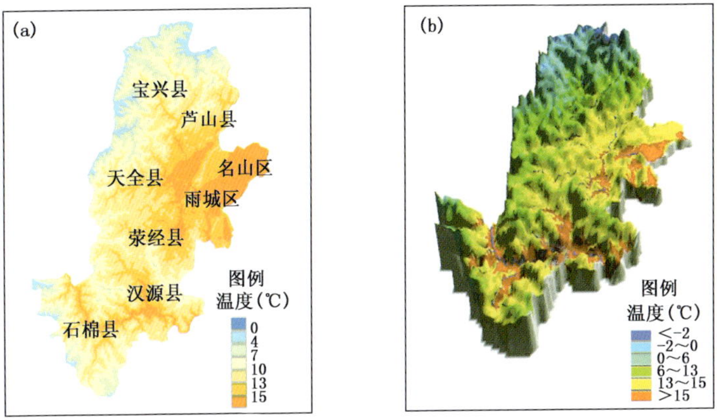

图 3.4　雅安市年平均气温分布平面图(a)和立体图(b)

表 3.14 列出了宝兴县部分加密站点在不同海拔高度的 2010 年平均气温分布,海拔高度最低 700 米(灵关),最高 2580 米(神木垒),2010 年平均气温差达 8.0℃,从最低处 16.0℃降至最高处 7.0℃,平均递减率约为-0.5℃/100 m。由此可见,气温垂直分布明显。

表 3.14　2010 年宝兴县部分加密站点年平均气温

站名	经度(°E)	纬度(°N)	海拔(米)	年平均气温(℃)
神木垒	102.7	30.7	2580.0	7.0
普生岗	102.7	30.8	2440.0	8.2
东拉山	102.6	30.4	1953.0	9.1
盐井	102.9	30.5	1500.0	12.7
明礼	102.7	30.4	1274.0	12.9
大渔溪	102.7	30.3	1034.0	13.3
灵关	102.8	30.2	700.0	16.0

3.6.2　立体降水分布

海拔高度 1000 米以下地区,也就是雨城、名山、芦山南部、天全东部以及荥经、汉源的河谷地带年降水量在 1500 毫米以上;海拔高度为1000～2000米的地区，年降水量为1000～1500毫米；海拔高度为2000～3000米的地区，年降水量约为800毫米；宝兴、芦山、石棉、荥经县内海拔高度在3500米以上的高山地区，年降水量为400～800毫米，见图3.5。

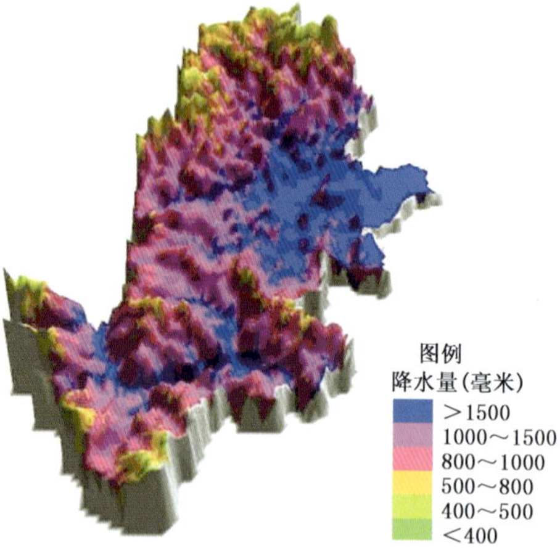

图3.5 雅安市年平均降水量立体分布图

3.6.3 雅安市山地气候类型分布

雅安市南部汉源、石棉两县一些河谷地带海拔高度在1000米以下，年平均气温为16.3～17.8℃，属中亚热带气候类型；雅安市北部海拔2000米以下地区，南部汉源和石棉3000米以下地区，年平均气温在13℃以上，属山地亚热带气候类型；宝兴县东南部，芦山县北部，天全县北部和西部海拔高度在2000～3000米的地区，石棉县西部及西南等地海拔高度在3500米以上，年平均气温为6～13℃，为温带气候类型；宝兴县境北、西北及西部，天全县西部边缘海拔高度在3500米以上，年平均气温为－6～0℃，属寒带气候类型。

第4章

雅安市生态气候优势分析

4.1 气候造就独特生物种群

雅安市属中亚热带湿润季风气候区，由于当地的地势高差很大，最高最低海拔相差5000多米，导致气象要素垂直差异大，立体气候特征十分明显，部分山体从山脚到山脊可出现中亚热带、山地北亚热带、暖温带、中温带、寒温带和亚寒带等气候带。众多的气候带造就了雅安独特的生物种群，类型多样的植被带（见图4.1）和种类繁多的动物群。

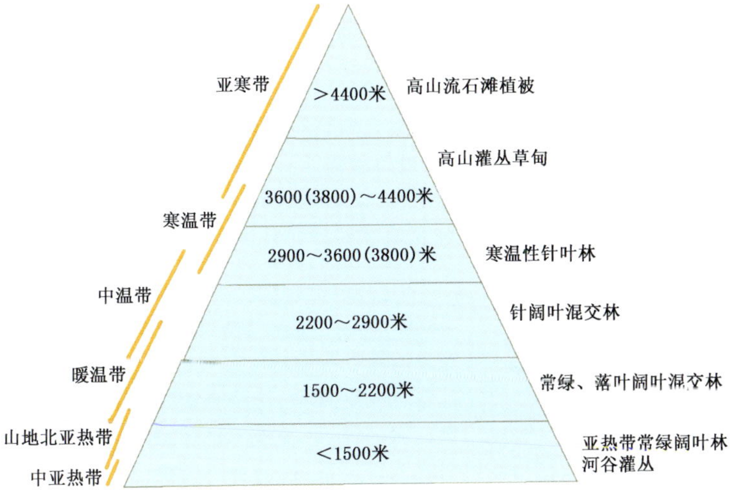

图4.1 雅安各气候带的垂直植被类型及分布

雅安分布有野生脊椎动物700余种，其中野生鸟类330余种；分布植物有185科869属3000多种，被学术界称为“天然的生物基因库”和“动植物博物馆”。雅安共有185科植物，占全国植物科数的60.3%，占四川的97.4%；869属植物，占全国植物总属的35.9%，占四川的57.8%；3000多种植物占全国植物种的16.1%，占四川的35.4%。

复杂多样的地形地貌和自然气候形成多样的生境，为特有物种的发展和保存创造了良好的条件，使雅安市存有大量的古老孑遗的特有种类（如动物活化石大熊猫，植物活化石珙桐等），产生了大量的模式标本，成为第三纪植物的"避难所"，古老珍稀物种极其丰富（见表4.1），有动植物的基因库和大熊猫诺亚方舟之称。

表4.1 雅安市珍稀保护动物分布的生境和海拔

生境类型	海拔（米）	可能分布的珍稀动物
亚热带常绿阔叶林	<1500	领角鸮、雕鸮、领鸺鹠、斑头鸺鹠、灰林鸮、红腹锦鸡、白腹锦鸡、勺鸡、红腹角雉、普通鵟、灰背隼、雀鹰、鸢、猕猴、藏酋猴、黄喉貂、香鼬、水獭、大灵猫、小灵猫、金猫、豹猫、猞猁、毛冠鹿、川陕哲罗鱼
常绿落叶、阔叶混交林	1500～2200	领角鸮、雕鸮、领鸺鹠、斑头鸺鹠、灰林鸮、大紫胸鹦鹉、红腹锦鸡、白腹锦鸡、勺鸡、血雉、红腹角雉、大紫胸鹦鹉、普通鵟、灰背隼、雀鹰、鸢、猕猴、藏酋猴、小熊猫、黑熊、豺、赤狐、黄喉貂、香鼬、水獭、大灵猫、小灵猫、金猫、豹猫、猞猁、云豹、豹、毛冠鹿、水鹿、鬣羚、斑羚、扭角羚
针阔混交林	2200～2900	大熊猫、领角鸮、雕鸮、斑头鸺鹠、灰林鸮、白腹锦鸡、勺鸡、红腹角雉、藏马鸡、血雉、大紫胸鹦鹉、普通鵟、红隼、灰背隼、雀鹰、鸢、金丝猴、猕猴、藏酋猴、小熊猫、马熊、黑熊、豺、赤狐、黄喉貂、香鼬、小灵猫、金猫、豹猫、猞猁、云豹、豹、林麝、毛冠鹿、水鹿、扭角羚、鬣羚、斑羚
针叶林	2900～3600	大熊猫、领角鸮、雕鸮、长尾林鸮、勺鸡、藏马鸡、血雉、普通鵟、红隼、雉鹑、鸢、金丝猴、小熊猫、马熊、豺、赤狐、黄喉貂、香鼬、金猫、猞猁、林麝、马麝、毛冠鹿、水鹿、白臀鹿、鬣羚、斑羚、扭角羚
高山灌丛草甸	3600～4400	绿尾虹雉、胡兀鹫、藏马鸡、雉鹑、纵纹腹小鸮、豺、马麝、雪豹、白唇鹿、白臀鹿、岩羊、藏狐、赤狐

害羞的夜鹭

全神贯注的喇叭河灵猴

雅安处于“华西雨屏”中心地带，终年潮湿多雾，水热条件较好，海拔 1600 米以下立体条件优越，适宜种植茶树；海拔 2000 米以下为不宜耕作的大量荒山荒地，有利于常绿硬杂木林和珍贵木材（如樟、润楠等）存活，同时配置油竹子和拐棍竹等大熊猫的主食竹种；海拔 2000～2500 米一带，宜种植桦木、漆树、曼青冈、连香树等阔叶树种，大熊猫主食竹种为拐棍竹和石棉玉山竹；海拔 2500 米以上主要树种为铁杉、冷杉等亚高山暗针叶林建群种，以及大熊猫主食的冷箭竹等高山竹种。

4.1.1　大熊猫气候适宜区面积宽分布广

大熊猫是我国特有的国宝级动物，它同时也代表着广义的环境保护。雅安是世界上第一只大熊猫的发现地和模式标本产地。2006 年，以雅安为主要核心区的四川大熊猫栖息地列入世界自然遗产名录。“大熊猫故乡”雅安将每年 7 月 12 日确定为“雅安大熊猫栖息地世界自然遗产生态保护日”。1869 年，第一只大熊猫从雅安走向世界，雅安成为大熊猫的发现地。1955 年以来，雅安先后送出活

顽皮的大熊猫

体大熊猫136只，第一只出国的活体大熊猫、第一只以“国礼”身份出国的活体大熊猫均出自雅安。现在，雅安是全国活体大熊猫存量最多的地区。四川大熊猫栖息地核心区有52%的面积在雅安。

睡姿独特的大熊猫

雅安市是大熊猫的重要分布区，拥有4822平方千米的大熊猫栖息地，全市6个自然保护区中有5个是以大熊猫及其栖息地为主要保护对象的自然保护区，即四川蜂桶寨国家级自然保护区(宝兴县)、四川贡嘎山国家级自然保护区(部分区域在石棉县)、四川喇叭河省级自然保护区(天全县)、四川栗子坪省级自然保护区(石棉县)、四川大相岭市级自然保护区(荥经县)。大熊猫保护区总面积1787平方千米，其中大熊猫栖息地1272平方千米，占全市大熊猫栖息地的26.38%。

汉源野生大熊猫

大熊猫在四川省内的栖息地可分为岷山山系、邛崃山系和大小相岭山系三个地域。这三个地域处于亚热带与暖温带交错地带，气候既有亚热带较暖的特征，又有温带冬季温度较低的特点。同时，这些地域处在东南季风的迎风面和西南季风的北缘，水分条件是较为充足的。

雅安市的大熊猫栖息地属邛崃山系和大小相岭山系，分布区气候温和且变率较小，这为大熊猫生存提供了有利的气候条件。同时，大熊猫栖息分布区地形特别复杂，海拔高度落差大，形成了具有多样性的局地气候。邛崃山系的夹金山区，包括宝兴、天全、雨城、荥经等县(区)的全部和名山的部分地方。该区地势西高东低，高差变化大，地处“华西雨屏”的中心地带，水热条件好。大小相岭区，包括荥经、石棉、汉源。该区属内陆亚热带湿润季风区，四季分明，光照多，雨量少，冬无严寒，为大熊猫生存、生活、繁殖提供了许多适宜的局地气候生态环境。

研究表明，雅安市满足大熊猫气候适宜区的面积约 3600 平方千米，约占四川省适宜区的 20%，满足大熊猫气候次适宜区的面积约 7400 平方千米，约占四川省次适宜区的 18%。是四川省大熊猫的主要集中分布区域(见图 4.2)。

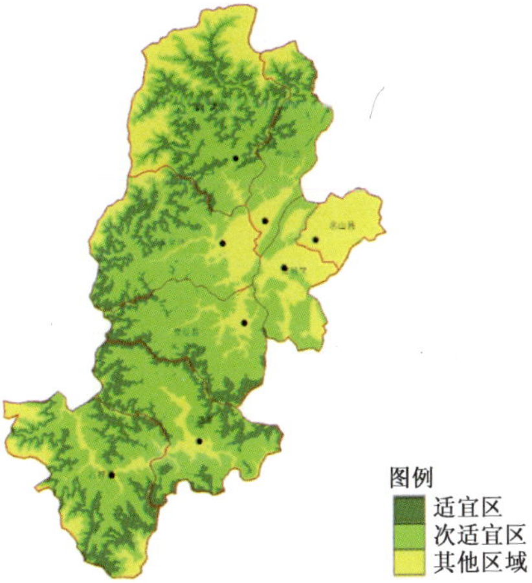

图 4.2　雅安大熊猫气候适宜分布示意图

4.1.2 蒙顶山茶品质优异源远流长

蒙顶山茶之所以享有经久不衰的盛名，首先在于具有得天独厚的自然条件，蒙顶山茶区气候温润，年平均气温14.5℃，年降水量丰沛、均衡，为2000～2200毫米，年平均相对湿度85%，常细雨蒙蒙，烟霞漫山，益于茶树氮代谢，丰富了茶叶内含物质。蒙顶山茶成分丰富，水浸出物高达43%左右；茶多酚适中，约26%～28%；每100克干茶中游离氨基酸含量为5000毫克以上，维生素C约202～259毫克。蒙顶山茶内含物质丰富，色、香、味俱全。经过多年的发展，先后创建了老茶客、皇茗园、跃华、蒙山、吉祥、兄弟友谊、金叶巴扎、味独珍、雅泉、山雅等一系列名优品牌。

名山万古红观光茶园

“扬子江心水，蒙顶山上茶”，蒙顶茶因其品质优异，工艺精湛，被奉为贡茶，20世纪50年代被评为全国十大名茶。雅安是世界茶文化的发源地，是世界茶文明圣山的所在地。西汉年间（公元前53年），茶祖吴理真在蒙顶山开启了人工植茶的先河，后经南北丝绸之路和茶马古道传遍五洲四海；从唐天宝元年（公元742年）至清朝末年，长达 1169 年，蒙顶茶一直是中央朝廷祭天祀祖专用茶。新中国成立后，全国首次评选“中国十大名茶”，蒙顶甘露榜上有名；我国茶叶类原产地域保护产品，蒙顶山茶最早跻身其中。

茶树生长喜欢温暖湿润的环境条件，在适宜温度范围内，不仅茶叶生长快，而且内含物丰富，嫩厚质量好，温度过高会使叶片粗老，内含物质芳香物质差，甚至枯萎，温度过低会造成茶树受冻。茶树生长期间，日照百分率小于 45%，茶叶品质较优。水分的多少左右着茶树新陈代谢的强度和方向，而且直接影响茶树产量和品质。引起茶树体内含水量变化的因素有土壤水分和空气湿度，其中空气相对湿度在 75%～90%时茶树生长发育正常。

结合茶树的生长发育需要和品质所需的气候条件，选取年极端最低气温、全年≥10℃活动积温、年平均气温、年日照时数、年平均相对湿度等作为茶树气候适宜性生长的研究指标，结果显示（见图 4.3）：雅安地区适合茶树生长的的气候适宜面积为 3480 平方千米，约占到四川省行政面积的 23%；其中最适气候区域为 2550 平方千

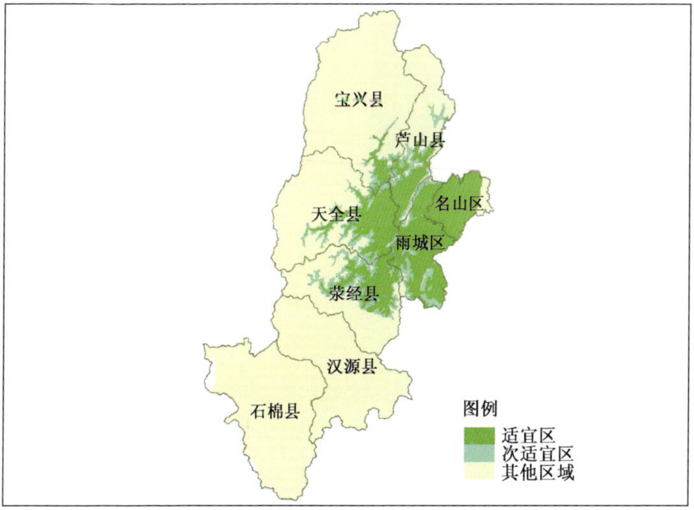

图 4.3　雅安茶树气候适宜分布示意图

米，约占到全省行政面积的17%。雅安的优质茶叶集中分布在名山区、雨城区、天全县、荥经县和芦山县范围内海拔400～1200米之间，该区域水资源丰富，云雾较多，年日照时数少，热量丰富，2—5月降水量相对丰富，茶叶鲜叶氨基酸含量较高，品质优异，适制绿茶。

名山区中峰乡牛碾坪茶园

百里茶廊

雅安人工栽培茶树已有2000多年历史，是世界上人工种茶最早的地区之一。得天独厚的气候条件使雅安成为四川乃至全国茶叶的主要生产地。雅安市茶园总面积达到2.94万公顷(44.05万亩)(其中投产1.92万公顷(28.85万亩))，占全省茶园总面积的1/5，名列全省第3位。茶叶总产量3.31万吨，鲜叶总收入6.34亿元，均在四川省范围内排名第一。其中，名优茶产量0.89万吨，收入4.13亿元，占总产量的26.9%，总收入的65.1%；无公害茶园面积近2.87万公顷(43.06万亩)，产量3.27万吨，分别占总面积、总产量的97.8%和98.8%；绿色、有机茶认证面积0.26万公顷(3.96万亩)，产量412吨。

4.2 生态旅游气候资源丰富

雅安市立体气候特征十分明显，独特的气候条件加上特有的地理位置、地质结构和地壳运动，使雅安市集高原风光、原始森林、地热温泉、珍稀动植物、地质奇观、江河湖泊等资源融为一体，具有资源丰富、类型多、品位高、综合性好的特点。良好的气候条件使雅安市森林覆盖率高，气温偏低和降雨量大，具有“天然氧吧”“天府之肺”“雨城”等别称。雅安市辖区内夹金山脉东坡被世界生物学界称之为“第四纪冰川时期古老生物的避难所”，有700～800万年前留下的孑遗动物，地球上现今最为珍稀的动物活化石，和剑齿象、剑齿虎等同时代动物—大熊猫；而1000万年前留下来的孑遗植物，目前仍然大量存活在这一地区，比如有“植物活化石”之称的珙桐，这充分说明了该地区生态环境的异常优异，具备较好的人居环境和生态旅游气候资源。

宝兴跷碛湖之秋

宝兴东拉山景色

4.2.1 夏季温度适宜

上里古镇之夏

随着全球气候变暖，夏天极端高温天气的频繁出现，追求凉爽宜人的气温条件是人们夏季外出旅游的重要动机之一。据1971—2000年(30年)标准气候值夏季资料统计(见表4.2)，雅安市夏季平均气温为21.8～24.7℃，最低值在宝兴县，最高值在汉源县，正好处于最有利于人类延年益寿温度23℃附近。现代医学临床研究发现，在23℃气温时，人体消耗的氧气最少，新陈代谢率最低，心率血压平稳，心脏负担最轻，最有利于细胞及器官组织修复，人体抗病能力增强，减缓器官组织衰老，特别有利于患有慢性呼吸道疾病、心脏病的中老年人的康复。可见，雅安市夏季是不可多得的疗养胜地，对老人健康长寿十分有利。雅安市各区县夏季日平均温度高于28℃的日数情况如下：宝兴县没有出现该情况，天全县、芦山县、名山区、荥经县不足一天，雨城区为5天，石棉县为3天，汉源县为11天；平均最高气温为26.9～30.2℃。最高气温高于35℃(橙色预警的高温天气)的日数情况：宝兴县没有出现该情况，天全县、名山区、荥经县不足一天，芦山县、雨城区为1天，石棉县为5天，汉源县为12天。可见雅安夏季高温天气出现次数非常少，尤其是宝兴县，夏天更为凉爽。由标准气候资料算得雅安市夏季平均气温(23.5℃)比成都(24.5℃)还要低一度。由此可见雅安市夏无酷暑、气温平稳，较为凉爽，具有很好的温度气候资源，加上较好的水墨自然景观，越来越成为游客心仪的避暑胜地。

表 4.2　雅安市各县(区)1971—2000 年夏季(6—8 月)平均气温

要素＼站名	宝兴县	天全县	芦山县	雨城区	名山区	荥经县	汉源县	石棉县
夏季平均温度(℃)	21.8	23.1	23.4	24.4	23.7	23.1	24.7	23.7
夏季平均温度高于28℃日数(天)	0	0.3	0.7	5.2	0.9	0.6	11.3	3.5
夏季平均最高温度(℃)	26.9	27.8	28.5	28.9	28.0	28.1	30.2	29.2
夏季最高温度高于35℃日数(天)	0	0.2	1.2	1.2	0.2	0.2	12.3	5.1

4.2.2　降水充沛，夜雨多

雅安市位于四川省西部，东邻川西平原，西接青藏高原，地处高原东南麓陡峭坡地边缘。北部的名山、雨城、天全一带的青衣江河谷，地形兼有“迎风坡”，“喇叭口”的特点。南部的大渡河贯穿东西，整个流域为高差很大的峡谷。在这一特定的地理和地形条件下，地形爬坡和常定性地形涡旋对暖湿气流的强迫性抬升和辐合造成雅安降水较多，无论是年降水量、雨日和暴雨日数，都是高原东部的最大值区，历来雅安素有“华西雨屏”、“西蜀漏天”和“雨城”之称，杜甫曾诗曰“地近漏天终岁雨”。

雅安市的降雨为典型的午夜峰值型，强降雨基本都降在夜间(见图 4.4)，据 1971—2000 年(30 年)气候资料统计(见表 3.7、3.8，图 3.1、4.4a)，雅安市年平均降水量 912.1～1692.5 毫米，降水日数在 140.7～231.8 天之间，其中全市年平均夜雨率(夜间降水量占全天降水量的百分率)却高达 71%～78%(见表 4.3 和图 4.4b)，而且各季节变化不大，是“巴山夜雨”现象最为突出的地区。唐朝诗人李商隐的《夜雨寄北》中写道，“君问归期未有期，巴山夜雨涨秋池。何当共剪西窗烛，却话巴山夜雨时”，说明川中夜雨，自古已知。

表 4.3 雅安市各县(区)1971—2000 年平均降水资料

要素 \ 站名	宝兴县	天全县	芦山县	雨城区	名山区	荥经县	汉源县	石棉县
年平均夜雨率(%)	74	72	75	74	71	77	76	78
年平均降水日数(天)	171.8	231.8	205.8	213.3	206.0	188.4	140.8	140.7
1 月(冬季)平均夜雨率(%)	86	64	73	67	64	76	79	77
4 月(春季)平均夜雨率(%)	79	69	79	78	79	81	78	80
7 月(夏季)平均夜雨率(%)	69	72	71	74	71	71	72	77
10 月(秋季)平均夜雨率(%)	78	73	76	75	73	83	78	75

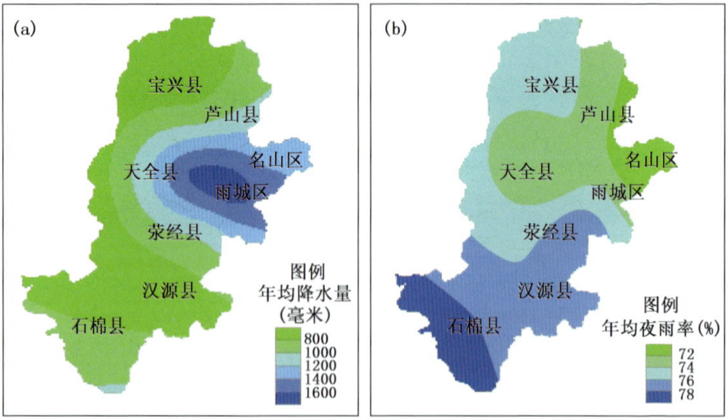

图 4.4 雅安市各县区 1971—2000 年年平均降水量和平均夜雨率
(a)年均降水量(mm);(b)年均夜雨率(%)

“雅雨”是雅安特有的一种局地性降水现象。雅安降水丰沛的地区主要集中在青衣江河谷地区,降水较少的地区主要集中在北端和南端的高原边缘地区，这些地区除冬季外，其余季节降水日数大多都在50天左右。如今，如烟如丝的“雅雨”已成为雅安市生态旅游的品牌标志，也已成为造就这座滋润、充满神奇魅力的城市不可或缺的重要元素，它形成了“水墨雅安”的自然景观。近年来外地游客到雅安来，都把在雅安“雨中漫步”作为享受“三雅”（雅雨、雅鱼、雅女）文化之首。

4.2.3 紫外线辐射最少

太阳紫外线是电磁波谱中波长从0.01～0.40微米的辐射总称。阳光中有大量的紫外线。紫外线对人类的生活和生物的生长有很大影响。紫外线按其波长可分为三个部分：A紫外线波长在0.32～0.40微米，A紫外线对我们的影响表现在对合成维生素D有促进作用，但过量的A紫外线照射会引起光致凝结，抑制免疫系统功能，太少或缺乏A紫外线照射又容易患红斑病和白内障；B紫外线波长在0.28～0.32微米，B紫外线对我们的影响表现在使皮肤变红和短期内降低维生素D的生成，长期接受可能导致皮肤癌，白内障及抑制免疫系统功能；C紫外线波长在0.01～0.28微米，C紫外线几乎都被臭氧层所吸收，对我们影响不大。紫外线对人类的影响主要表现为A紫外线和B紫外线的综合作用。

长期以来，人们只知道紫外线对人体有益，因为它有利于维生素D合成，促进骨骼组织发育等，成长期的儿童多晒些太阳，可防止佝偻病，皮肤晒得又黑又红则是健康的象征。但是，现代科学研究认为，紫外线对人体的危害远大于它的有利作用，人们应当注意防御紫外线带来的危害。

紫外线指数（URI）是指一天当中太阳在天空中的位置最高时（也即中午前后），到达地面的太阳光线中紫外线辐射对人体皮肤的可能损伤程度。紫外线指数一般用0～15表示。通常规定，夜间紫外线指数为0，在热带或高原地区、晴天无云时，紫外线最强，指数15。可见紫外线指数值越大，表示紫外线辐射对人体危害越大，也表示在较短时间内对皮肤的伤害愈强。在实际预报中常将紫外线指数分为5级发布。紫外线指数值、分级及对人体的影响详见表4.4。

表4.4 紫外线指数值、分级及对人体的影响

紫外线指数(URI)	分级	对人体的影响
>10	5级	紫外线辐射最强，对人体极具伤害性，人们应减少外出时间(特别是中午前后)，或采取积极的防护措施
7～9	4级	紫外线辐射较强，对人体危害较大，应注意预防，外出应戴太阳帽、太阳镜或遮阳伞，也可涂抹一些防晒霜(SPF指数应大于15)，在上午10时至下午4时这段时间最好不要到沙滩场地上晒太阳
5～6	3级	紫外线辐射为中等强度，对人体皮肤有一定程度的伤害，外出时尽可能在阴凉处行走，除戴上太阳帽外还需备太阳镜，并在身上涂上防晒霜，以避免皮肤受到太阳辐射的危害
3～4	2级	太阳辐射中的紫外线量比较低，对人体的影响比较小
0～2	1级	太阳辐射中紫外线量最小，对人体基本没有什么影响，外出时戴上太阳帽即可

云雾笼罩下的雅安名山

由于独特的地理地形条件所致，雅安市是全球层状云气候分布最高的地区。这就相当于常年在雅安市上空拉上了一个巨大的遮阴篷，使太阳紫外线强度大为削弱。

据 2003—2009 年雅安市气象台开展紫外线指数等级预报以来的气象资料分析，雅安市北部的紫外线指数等级基本上都是 1～2 级，南部的紫外线指数等级基本上都是 1～3 级。

自古就有“雅安出美女”之说，现在“雅女”更是世界闻名，雅安姑娘大都身材窈窕、眉清目秀、皮肤如荷花般水灵和细腻，该地区紫外线强度弱，是天造“雅女”的原因之一。

4.3　舒适度指数最佳

据人类生物气象学的研究，气象要素对人体的生理反应有很大影响。目前，衡量小气候对人体影响的生物气象指标有：用以综合评价气温和相对湿度共同作用下人体热负荷的温湿指数(HI)、用来衡量在皮肤温度为 33℃时皮肤表面热量损失的寒冷指数(CI)以及根据人类机体与大气环境之间热交换制定的评价在不同气候条件下人体舒适感的人体舒适度气象指数(BCMI)。

4.3.1　温湿指数

在国际上，衡量高温气候状况对人体影响的生物气象指标，常用温湿指数(HI)来表征，它是由 Tom 提出，Bosen 又作了发展，它主要表征了在局地小气候环境中人体承受的热负荷。

适合我国实际情况的温湿指数(HI)公式如下：

$$HI = (1.8TC + 32) - (0.55 - 0.55RH)(1.8TC - 26)$$

式中 TC 为气温，℃；RH 为相对湿度，%，计算时以分数表示如 50% 则以 0.5 代入；HI，无量纲，HI 值在 60～75 范围内大部分人感觉舒适。

表 4.5 雅安市 1971—2000 年(30 年)各县、区月平均温湿指数(HI)

站名 \ 月份	1	2	3	4	5	6	7	8	9	10	11	12
宝兴县	43	45	51	58	64	68	71	71	65	59	52	46
天全县	43	45	52	60	66	70	73	73	67	61	53	46
芦山县	43	46	52	60	67	71	74	74	67	61	53	46
雨城区	45	47	54	62	68	72	75	75	69	62	55	47
名山区	43	46	52	60	67	71	74	74	68	61	53	46
荥经县	44	46	52	60	66	70	73	73	67	61	54	46
汉源县	50	52	58	64	69	72	75	75	70	64	58	51
石棉县	49	52	57	63	68	71	74	73	68	62	56	50

* 绿色(<60)表示“绝大部分人舒适”;蓝色(60～75)表示“大部分人舒适”。

汉源梨花

由表 4.5 可见,雅安市舒适程度较高,4—10 月份大部分人感觉舒适,其余时间绝大部分人感觉舒适。近 10 年与过去 30 年温湿指数基本一致,整个夏季(6—9 月),宝兴、天全、芦山、雨城、名山、荥经、汉源和石棉的月平均温湿指数(HI)分别为:65～72,67～73,67～74,69～75,68～74,67～73,70～75,68～74。均无 $HI>75$ 的情况,说明雅安市夏季对大多数人来说是感觉舒适的,无“高温不适”气候。

4.3.2　寒冷指数

衡量人体对室外寒冷环境的适应性则常用寒冷指数(CI)。它是由 Bedford 提出，后经 Siple，Court 及 Thomas-Boyd 等人作了发展。寒冷指数适用于室外寒冷环境下，反映风速及气温对裸露人体的影响。公式为：

$$CI = \Delta t \cdot (9.0 + 10.9\sqrt{V} - V)$$

式中 Δt 为人体温度与环境气温之差，℃；V 为环境风速，米/秒；CI 为寒冷指数，千卡/(米^2 · 时)，即人体皮肤温度为 33℃时，体表单位面积散热量。寒冷指数(CI)与人体的感觉和反应见表 4.6。

表 4.6　不同寒冷指数时人体的感觉和反应

CI(千卡/(米^2 · 时))	人体感觉和反应
200	适宜
400	凉
600	很凉
800	冷
1000	很冷
1200	极度寒冷
1400	裸露皮肤冻伤
2000	裸露皮肤在 1 分钟内冻伤
2300	裸露皮肤在半分钟内冻伤

取人体皮肤温度为 33℃，TC 为气温，则寒冷指数

$$CI = (33 - TC) \cdot (9.0 + 10.9\sqrt{V} - V)$$

据标准气候值资料统计(见表 4.7)，整个冬季(12—2 月)，宝兴、天全、芦山、雨城、名山、荥经、汉源和石棉的月平均寒冷指数(CI)分别为：623～754，402～495，413～479，463～516，453～492，453～556，374～440，466～593。均无 $CI>800$ 的情况，除宝兴县“人体感觉和反应”可达“很凉”级别外，其余县、区“人体感觉和反应”都在“适宜”

与"凉"之间。说明雅安市冬无严寒，对大多数人来说感觉是舒适的。

表 4.7 雅安市各县、区寒冷指数

站名＼月份	1	2	3	4	5	6	7	8	9	10	11	12
宝兴县	754	721	630	497	391	319	270	271	353	457	577	696
天全县	451	443	404	323	255	203	165	169	226	296	347	423
芦山县	479	467	420	317	243	192	162	165	225	298	371	438
雨城区	516	487	437	348	270	215	172	177	246	322	389	474
名山区	481	481	429	336	257	201	168	172	234	303	382	453
荥经县	556	535	482	374	286	223	185	191	255	334	418	511
汉源县	440	420	363	275	199	154	125	125	183	241	305	374
石棉县	593	575	481	359	276	227	188	192	258	327	422	536

* 绿色表示"舒适"；蓝色表示"凉"；紫色表示"很凉"。

4.3.3 人体舒适度气象指数

人类机体对外界气象环境的主观感觉有别于大气探测仪器获取的各种气象要素结果。人体舒适度气象指数是为了从气象角度来评价在不同气候条件下人的舒适感，根据人类机体与大气环境之间的热交换而制定的综合性的生物气象指标。

一般而言，气温、气压、相对湿度、风速四个气象要素对人体感觉影响最大。国内目前普遍采用的人体舒适度气象指数（BCMI）计算公式如下：

$$BCMI = (1.8TC + 32) - 0.55 \times (1 - RH) \times (1.8TC - 26) - 3.2\sqrt{V}$$

式中 TC 为气温，℃；RH 为空气相对湿度，%，计算时以分数表示，如 50%则以 0.5 代入；V 为风速，米/秒；$BCMI$ 为人体舒适度气象指数，无量纲。而且，在实际应用中，给出了如表 4.8 的等级关系：

表 4.8　人体舒适度气象指数分级及对应的人体感觉表

人体舒适度气象指数(BCMI)值	分级	人体感觉
>89	10 级	酷热,很不舒适
86～88	9 级	暑热,不舒适
80～85	8 级	炎热,大部分人不舒适
76～79	7 级	闷热,少部分人不舒适
71～75	6 级	偏暖,大部分人舒适
59～70	5 级	最为舒适
51～58	4 级	偏凉,大部分人舒适
39～50	3 级	清凉,少部分人不舒适
26～38	2 级	较冷,大部分人不舒适
0～25	1 级	寒冷,不舒适

当 BCMI 等级为 4～6 级时(见表 4.8),分别对应的人体感觉为:偏凉,大部分人舒适;最为舒适;偏暖,大部分人舒适。国际旅游界常将 BCMI 等级为 4～6 级的总天数定义为“旅游舒适期”。并且规定,旅游舒适期>165 天的地区为一类适宜旅游地区;旅游舒适期为 151～165 天的地区为二类适宜旅游地区;旅游舒适期为 135～150 天的地区为三类适宜旅游地区。

从表 4.9 可见,雅安市北部县、区的旅游舒适期除宝兴县为 210 天外,其余均为 240 天,汉源县和石棉县的旅游舒适期为 270 天,全市都为一类适宜旅游地区。“旅游最舒适期”(BCMI 等级为 5 级)的天数,宝兴县、天全县、芦山县、雨城区、名山区、荥经县、汉源县和石棉县分别达:120,150,90,120,120,150,150,180,而且“旅游最舒适期”基本上都出现在春末至秋初(5—9 月)。可见,雅安市真的是“天造的避暑胜地”。其他时间段也基本在 3 级以上,令大部分人体感清凉,只有少部分人感到不舒适。除了冬季让人觉得有些许凉意外,其他时间段大部分人都觉得舒适,非常适合旅游。

表 4.9 雅安市各县(区)1971—2000 年月平均人体舒适度气象指数(BCMI)等级

站名 \ 月份	1	2	3	4	5	6	7	8	9	10	11	12
宝兴县	2	3	3	4	4	**5**	**5**	**5**	**5**	4	3	3
天全县	3	3	3	4	**5**	**5**	**5**	**5**	**5**	4	4	3
芦山县	3	3	3	4	**5**	**5**	6	6	**5**	4	4	3
雨城区	3	3	3	4	**5**	**5**	6	**5**	**5**	4	4	3
名山区	3	3	3	4	**5**	**5**	6	**5**	**5**	4	4	3
荥经县	3	3	3	4	**5**	**5**	**5**	**5**	**5**	4	4	3
汉源县	3	3	4	**5**	**5**	**5**	6	6	**5**	**5**	4	3
石棉县	3	3	4	4	**5**	**5**	**5**	**5**	**5**	**5**	4	3

* 绿色区表示“旅游舒适期”，加粗红色字体表示“旅游最舒适期”。

4.3.4 空气负(氧)离子

空气负(氧)离子的保健作用和防治疾病功能为世界所公认，被称为“空气维生素和生长素”。据有关试验和研究表明：城市空气中的空气负(氧)离子浓度一般是 0～200 个/厘米^3，多数情况下是 100～200 个/厘米^3。森林比空旷地高，森林里一般 600～3000 个/厘米^3，空旷地 200～600 个/厘米^3。瀑布、溪流、跌水旁负(氧)离子浓度高，通常情况下瀑布附近负(氧)离子浓度高达 40000～100000 个/厘米^3。空气负(氧)离子浓度森林比草地高，草地比空旷地高，针叶林比阔叶林高。雅安市生态旅游区的特点为：自然景观主要以山体森林资源为主体，溪流资源丰富，分布比较均衡，森林资源保存比较完好，景区常见古木森森，飞泉、瀑布交映。在景区空气负(氧)离子资源非常丰富。表 4.10 是目前我国应用比较多的负离子浓度等级标准及与健康的关系表。

表 4.10　常见的负离子等级标准及与健康的关系表

<table>
<tr><th>环境条件</th><th colspan="2">负离子浓度(个/厘米^3)</th><th>等级</th><th colspan="2">与健康的关系</th></tr>
<tr><td>多人操作的厂房</td><td>0～50</td><td rowspan="3">≤500</td><td rowspan="3">1 级</td><td>诱发形成各种疾病</td><td rowspan="3">不利</td></tr>
<tr><td>都市室内</td><td>60～150</td><td>易诱发生理障碍等</td></tr>
<tr><td>街道绿化区</td><td>200～500</td><td>诱发生理障碍边缘</td></tr>
<tr><td>公园</td><td colspan="2">500～900</td><td>2 级</td><td>维持人体健康基本需要</td><td>正常</td></tr>
<tr><td>旷野</td><td colspan="2">900～1200</td><td>3 级</td><td>增强人体免疫力、抗菌力</td><td>有利</td></tr>
<tr><td rowspan="2">山顶、森林</td><td colspan="2">1200～1800</td><td>4 级</td><td>杀灭、减少疾病传染</td><td>相当有利</td></tr>
<tr><td colspan="2">1800～2100</td><td>5 级</td><td>具有自然痊愈力</td><td>很有利</td></tr>
<tr><td>森林、瀑布</td><td colspan="2">≥2100</td><td>6 级</td><td>具有治疗和康复功效</td><td>极有利</td></tr>
</table>

2010 年 4 月，雅安市气象局先后选择雨城区的城区、近郊、风景区等数十个点进行了进行了流动观测。观测结果表明：

(1)雅安市城区(市政府所在地)的负(氧)离子浓度大多数情况都达到 6 级；(2)雅安市近郊(周公山温泉)的负(氧)离子浓度大多数情况都达到 6 级；(3)雅安市人迹常至的风景区(碧峰峡景区)的负(氧)离子浓度大多数情况都远远超过 6 级的低限值，较高时可≥60000 个/厘米^3；(4)雅安市内人迹罕至的瀑布区、原始森林、河谷等地，由于不通手机讯号和电源，无法进行准确监测，从已经准确监测的数据外推，这些地方负(氧)离子浓度大多数情况都远远超过 60000 个/厘米^3，最高时可接近 100000 个/厘米^3；(5)雅安市辖区内，空气负(氧)离子浓度的日变化规律通常为早上 7 时左右最大，下午15时左右最低；(6)雅安市辖区内，空气负(氧)离子浓度和天气、相对湿度有较密切的关系，通常的规律为：降雨后的清晨、雷雨后，空气负(氧)离子浓度明显增加，空气负(氧)离子浓度和相对湿度成正相关。

雅安市已位列世界上城市空气最优的行列，因此“天府之肺”“天然氧吧”之称名副其实。

雅安市森林覆盖率逾63.0%，植被覆盖率逾82%，植物的尖端放电产生空气负(氧)离子的条件异常优裕。雅安市是青藏高原东坡最湿润的地区，雨量充沛、气候温暖、空气湿润，月平均相对湿度维持在73%～84%之间、月平均气温维持在6.3～25.1℃之间，十分有利于空气负(氧)离子的大量产生。

4.4 与国内部分著名旅游城市比较

为了弄清雅安市的旅游气候资源在国内的水平，利用1971—2010年共40年气象资料，计算了国内部分著名的旅游城市的人体舒适度气象指数等级(见表4.11、4.12)。表4.11、4.12中，雅安北部以天全县资料代表，雅安南部以石棉县资料代表。

由表4.11可见，雅安市与国内相近纬度(30°N附近)部分旅游城市月平均人体舒适度气象指数等级(BCMI)比较，雅安市北部旅游舒适期(BCMI等级为4～6的天数，以下同)约240天，5—9月都是旅游最舒适期(BCMI等级为5的天数，以下同)，达150天。雅安市南部旅游舒适期约270天，5—9月都是旅游最舒适期，达150天。拉萨、成都、武汉、杭州的旅游舒适期和旅游最舒适期天数分别为：150和0，240和120，180和90，150和60。而且，雅安基本上5—10月都是旅游最舒适期，除拉萨市夏季偏凉外，其他城市夏季都偏暖(甚至闷热，如武汉7月、杭州7—8月)，而雅安市北部和南部，整个夏季都是旅游最舒适期，旅游气候资源远比杭州还好。可见，雅安市是国内同纬度附近旅游气候最好的地区。

表 4.11 1971—2010 年雅安市与国内相近纬度著名旅游城市月平均人体舒适度气象指数(BCMI)等级比较

地点 \ 月份	1	2	3	4	5	6	7	8	9	10	11	12
雅安北部	3	3	3	4	5	5	5	5	5	4	4	3
雅安南部	3	3	4	4	5	5	5	5	5	5	4	3
拉萨	2	3	3	3	4	4	4	4	4	3	3	3
成都	3	3	3	4	5	5	6	6	5	5	4	3
武汉	2	3	3	4	5	6	7	6	5	5	3	3
杭州	2	3	3	4	5	6	7	7	6	5	3	3

由表 4.12 可见,雅安市与国内不同纬度著名旅游城市月平均人体舒适度气象指数(BCMI)等级比较,纬度较高的城市中,哈尔滨、大连、济南,旅游舒适期和旅游最舒适期天数分别为:150 和 90、180 和 120、210 和 90。纬度较低的城市中,桂林、丽江、昆明、厦门、香港(只有 1971—2000 年的统计资料)、海口,旅游舒适期和旅游最舒适期天数分别为:240 和 120,180 和 60,240 和 150,300 和 120,300 和 120,360 和 150。显然,雅安市旅游舒适期为 240～270 天(北部到南部),旅游最舒适期为 150～180 天(北部到南部),均优于纬度较高的其他城市,纬度较低的城市中,旅游最舒适期达到 150 天以上的只有昆明和海口,海口市 5—10 月均偏暖,旅游最舒适期出现在 2—3 月和 11—12 月。雅安市北部的旅游舒适期和旅游最舒适期和举世闻名的春城昆明市相当。可见,从不同纬度比,雅安市的旅游气候资源也是全国最好地区之一。

表 4.12 1971—2010 年雅安市与国内不同纬度著名旅游城市月平均 BCMI 等级比较

地点 \ 月份	1	2	3	4	5	6	7	8	9	10	11	12
雅安北部	3	3	3	4	5	5	5	5	5	4	4	3
雅安南部	3	3	4	4	5	5	5	5	5	5	4	3

续表

地点＼月份	1	2	3	4	5	6	7	8	9	10	11	12
哈尔滨	1	1	2	3	4	5	5	5	4	3	2	1
大连	2	2	2	3	4	5	5	5	5	4	3	2
济南	2	2	3	4	5	5	6	6	5	4	3	2
桂林	3	3	4	5	5	6	7	6	5	5	4	3
丽江	3	3	3	3	4	5	5	4	4	4	3	3
昆明	3	3	4	4	5	5	5	5	5	4	3	3
厦门	3	3	4	5	5	6	6	6	6	5	5	4
香港	4	4	5	5	6	6	7	7	6	5	5	4
海口	4	5	5	5	6	6	6	6	6	6	5	5

* 香港的资料年限为 1971—2000 年。

4.5　与国外部分著名旅游城市比较

为了搞清楚雅安市的旅游气候资源在全球范围内处于什么样的一个水平，利用 1971—2000 年(30 年)标准气候值资料，计算了全球范围内部分著名的旅游城市的人体舒适度气象指数等级(资料表略)。

与国外相近纬度(30°N 附近)著名旅游城市月平均人体舒适度气象指数等级(BCMI)比较，美国新奥尔良、日本鹿儿岛、埃及开罗、印度新德里的旅游舒适期和旅游最舒适期天数分别为：270 和 120，120 和 60，360 和 210，270 和 120。可见，国外 30°N 附近著名旅游城市中，埃及开罗的旅游舒适期和旅游最舒适期天数分别达 360 和 210，为最好，雅安市次之，印度新德里夏季偏闷热，美国新奥尔良夏季偏暖，日本鹿儿岛冬季显著偏冷、夏季偏凉，都不如雅安舒适(见图 4.5)。

与国外不同纬度著名旅游城市月平均人体舒适度气象指数等级(BCMI)比较，奥地利维也纳、匈牙利布达佩斯、菲律宾马尼拉、阿根廷圣地亚哥，旅游舒适期和旅游最舒适期天数分别为：150 和 60，

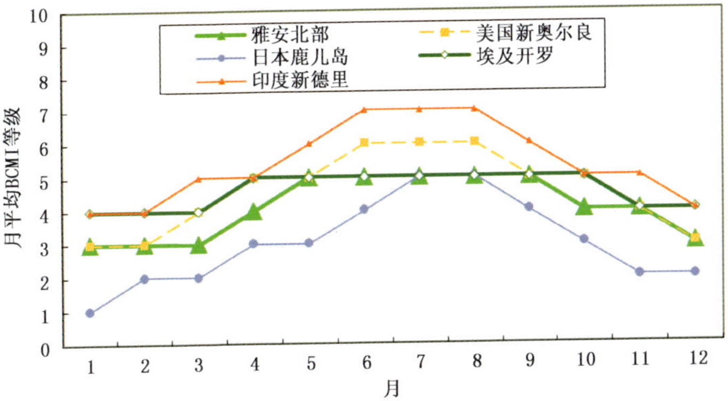

图 4.5　雅安市北部与国外相近纬度著名旅游城市月平均 BCMI 等级比较

150 和 90，330 和 30，360 和 180。可见，国外不同纬度著名旅游城市中，阿根廷圣地亚哥的旅游舒适期和旅游最舒适期天数分别达 360 和 180，为最好，旅游最舒适期为 150～180 天（北部到南部）的雅安市次之，菲律宾马尼拉全年偏暖（6 月偏闷热），奥地利维也纳和匈牙利布达佩斯大部分月份偏凉（或偏冷），都不如雅安，阿根廷圣地亚哥的旅游最舒适期出现在 2—4 月和 10—12 月，而雅安的旅游最舒适期出现在 5—10 月（图 4.6）。

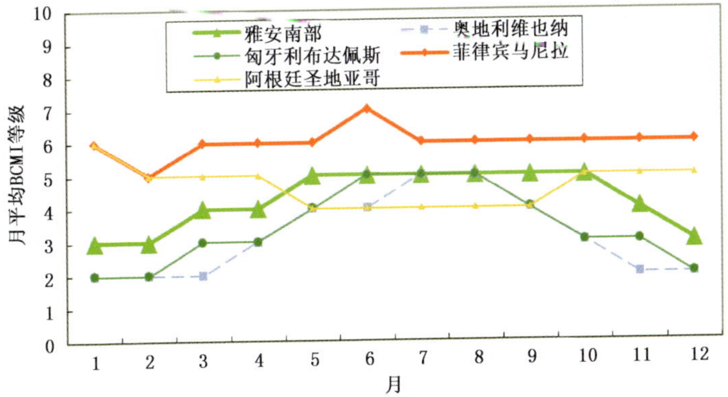

图 4.6　雅安市南部与国外不同纬度著名旅游城市月平均 BCMI 等级比较

由上述可见：在全世界范围内，雅安市的旅游气候资源也是属于最好的地区之一，特别是在5—9月，尤为突出。

宝兴神木垒初雪

第 5 章

结　　语

5.1　气候、生态、人文造就雅安生态旅游景观

雅安市气候宜人，大部分区域属于中亚热带湿润季风气候，当地的地势高差大，立体气候特征十分明显。雅安冬无严寒，夏无酷热，气温日较差小，四季分明，雨量充沛，雨热同步，无霜期长，热量充足，春季回暖早、冬季霜雪少，全年风速小、夜雨多、雾霾少、无沙尘天气、气象灾害轻，属于具备最优良人居环境和生态旅游气候资源的区域之一。这为当地生物的多样性提供了气候保障，也为雅安市生态旅游提供了不可多得的气候资源。气候决定植被，植被是气候的反映，独特的气候条件造就了独特的生态环境。雅安市生态质量优异，植被覆盖率列四川省之冠；蒙顶山上茶，香飘万里，享誉全国；大熊猫栖息地面积最大，保护区最多；得天独厚的生态环境丰富了生物的多样性，独特的自然环境造成了多样的生态景观，包括地质景观、地貌景观、水体景观、水墨雨景和人文景观等。在微风细雨中漫步茶马古道，参观汉源麦坪新石器时代居住遗址，瞻仰红军强渡

茶马古城

雪映杉树林

余晖硗碛湖

雾锁东拉山

大渡河、翻越夹金山遗址，是雅安宝贵的文化旅游资源，更是雅安气候生态旅游一道靓丽的风景线。

香飘三月间

5.2　雅雨、大熊猫、蒙顶山茶打造雅安生态气候名片

雅安降水丰富，无论是年降水量，还是降雨日数，都是全球中纬度内陆最多的地区之一，素有“天漏”和“雨城”之称。雅安虽然雨日多、雨量大，但由于全市年平均夜雨率高达 71%～78%，是世界上“巴山夜雨”现象最为突出的地区，“雅雨”虽多，但并不妨碍旅游观景，如烟如丝的“雅雨”反而是雅安生态旅游的品牌标志之一。丰沛的降水造就了“水墨雅安”的特色景观，保障了世界独有的珍稀动植物如蒙顶山茶、大熊猫、雅鱼、珙桐、独叶草等的生存条件。所以说“雅雨”是雅安生态旅游资源之魂。

蒙顶茶技

雅安是全国活体大熊猫存量最多的地区，四川省大熊猫栖息地核心区 52%的面积在雅安。雅安气候温和且变率较小，特别适合大熊猫主食竹的生长，这为大熊猫生存、生活、繁殖提供适宜气候的生态环境，是大熊猫重要分布区。全市拥有 4822 平方千米大熊猫栖

名山茶园

息地，6个自然保护区中5个是以大熊猫及其栖息地为主要保护对象的自然保护区。雅安市有大熊猫气候适宜区3600平方千米，约占全省适宜区的20%，大熊猫气候次适宜区7400平方千米，约占全省次适宜区的18%。是四川省大熊猫的主要集中分布区域。

“扬子江心水，蒙顶山上茶”，蒙顶茶因其品质优异，工艺精湛，被奉为贡茶，蒙顶山茶之所以享有经久不衰的盛名，首先在于具有得天独厚的自然条件，蒙顶山茶区气候温润，年平均气温14.5℃，年降水量丰富，为2000～2200毫米，分布均衡，相对湿度85%，常细雨蒙蒙，烟霞满山，特别适合茶叶的生长。

细雨中茶山漫步，在细雨中轻松采茶，在细雨中品茶的清香，在细雨中和大熊猫亲密接触，这就是雅安的生态气候名片。

预备，跳！

夕阳映杜鹃

5.3　舒适、凉爽、滋润营造雅安生态休闲胜地

雅安是全球层状云气候分布最高的地区，“阳伞效应”显著，使太阳紫外线强度大为削弱，对长时间户外安全旅游十分有利。雅安市的空气相对湿度常年接近于成人表皮中的水分含量，加之温度适宜，对人的皮肤美容十分有利，是世界上最“滋润”的城市之一。雅安冬季，平均气温和平均最低气温都是最大值区，是最暖地区之一；夏季，平均气温和平均最高气温都是最小值区，是最凉地区之一；年、各季平均气温日较差都是最小值区之一，具有罕见的“冬无严寒、夏无酷暑、气温平和”的气候资源；夏季，雅安市各县区夏季平均气温基本都接近最有利于人类延年益寿的 23℃，是不可多得的疗养胜地；在雅安，立体气候特征十分显著，雅安市辖区内最高气温地区和最低气温地区的月平均气温差异都达到 8.0℃以上。巨大的温度差异造就了雅安市在较小的空间里具有不同旅游需求的温度条件。

雅安市四季平均风速为 0.5～1.8 米/秒，和煦宜人，最适合人们旅游观光。雅安空气负离子浓度高达近 100000 个/厘米^3 左右，生态质量位居全国前茅，人居环境极佳，

雅安的旅游舒适期与旅游最舒适期和举世闻名的春城昆明相当，而整个夏季都是旅游最舒适期，旅游气候资源远比杭州还好，是不可多得的休闲宜居胜地。

葱茏碧翠

参 考 文 献

柏秦凤,霍治国,贺楠等. 2009. 中国20座旅游城市人体舒适度指数分析. 生态学杂志, **28**(8):1607-1612.

达良俊,田志慧,陈晓双. 2009. 生态城市发展与建设模式. 现代城市研究,(7):11-17.

方精云. 2000. 全球生态学气候变化与生态响应. 北京:高等教育出版社.

刘振礼,王兵. 1996. 旅游地理学. 天津:南开大学出版社.

彭贵康,康宁,李志强,等. 2010a. 青藏高原东坡一座充满神奇魅力的城市——雅安市生态旅游景观资源研究. 生态经济,(5):128-134.

彭贵康,康宁,李志强,等. 2010b. 青藏高原东坡一座生态优异四季舒适的城市——雅安市生物气象指标和生态质量气象评价. 高原山地气象研究,**30**(3):36-42.

彭贵康,康宁,李志强,等. 2010c. 青藏高原东坡一座世界上最滋润的城市——雅安市生态旅游气候资源研究. 高原山地气象研究,**30**(11):12-20.

彭贵康,李志友,柴复新. 1985. 雅安地形与降水的气候特征. 高原气象,**4**(3):230-240.

彭贵康,曾庆存. 1994. "雅安天漏"研究 Ⅰ:大气分析. 大气科学,**18**(4):466-475.

《气候变化国家评估报告》编写委员会. 2007. 气候变化国家评估报告. 北京:科学出版社.

秦大河,丁一汇,王绍武,等. 2006. 中国西部生态环境变化与对策建议. 地球科学进展, **17**(3):314-319.

秦大河,罗勇. 2008. 全球气候变化的原因和未来趋势. 科学对社会的影响,(2):16-20.

谭冠日,严济远,朱瑞兆. 1985. 应用气候. 上海:上海科学技术出版社.

魏德保. 1981. 森林与人健康. 北京:科学出版社,1981.

吴必虎. 1996. 旅游生态学与旅游目的地的可持续发展. 生态学杂志,**15**(2):37-43.

吴章文.2001.旅游气候学.北京:气象出版社.
夏廉博.1986.人类生物气象学.北京:气象出版社.
谢鹏飞,周兰兰,刘琰,等.2010.生态城市指标体系构建与生态城市示范评价.城市发展研究,**17**(7):12-18.
雅安市环境保护局.2010年雅安市环境质量报告书.
雅安市气象台.2008.雅安市2007年度气候影响评价.天气气候情报,**1**:1-5.
雅萱.家在清风雅雨间.成都:四川人民出版社,2010.
杨桂华.1999.旅游资源学.昆明:云南大学出版社.
[英]伊恩·莫法特.2002.可持续发展——原则、分析和政策.北京:经济科学出版社.
袁书琪.2004.试论生态旅游资源的特征、类型和评价体系.生态学杂志,**23**(2):109-113.
张家诚.1988.气候与人类.郑州:河南科学技术出版社.
张泽均,胡锦矗.2000.大熊猫生境选择研究.四川师范学院学报(自然科学版),**21**(1):18-21.
章志攀,俞益武,孟明浩,等.旅游环境中空气负离子的研究进展.浙江林学院学报,**23**(1):103-108.
赵鹏,刘捷.2006.休闲与人类健康发展的关系.旅游学刊,**21**(11):5-6.
中国气象局.2005.生态质量气象评价规范(试行).北京:气象出版社.
钟林生,肖笃宁.2000.生态旅游及其规划与管理研究综述.生态学报,**5**(9):841-842.